JN275517

有機化学が好きになる〈新装版〉

"カメの甲"なんてこわくない!

米山正信　著
安藤　宏

ブルーバックス

- カバー装幀／芦澤泰偉・児崎雅淑
- カバーイラスト／安斉　将
- 本文イラスト／永見ハルオ
- 見出・目次デザイン／工房 山﨑
- 本文・図版制作／さくら工芸社

〈新装版〉刊行にあたって

　本書『有機化学が好きになる〈新装版〉』は，1981年に初版が出版された，米山正信先生と安藤宏先生の共著『有機化学が好きになる』を，新たに活字を組み直したものです。

　原著はその書きぶりの親しみやすさから，たいへん多くの読者に支持されました。初版が出版されてから1999年までに33刷を重ね，ブルーバックスシリーズ有数のベストセラーになっています。しかし残念ながら米山先生は2002年に，安藤先生は2008年に他界されました。

　有機化学については，"カメの甲はむずかしい"という印象だけが残っている人が多いのではないでしょうか。そんな皆さんが，本書をきっかけに「これは何？」「どうして？」と素朴な疑問を連発した幼い日に立ち返って，有機化学をながめなおしてほしい，というのが両先生の願いです。

　本書は原著の内容と異なりませんが，慣用名を主としていた物質名をIUPAC命名法を主とする書き方にするなど，新たな読者の皆さんにも誤解なく読めるよう，アップデートしてあります。化学の授業でちょっとつまずいている人にも，これからもっと本格的に化学を学びたい人にも，本書は「おもしろくてためになる」一冊になるはずです。

　さあ，あなたも一君や理恵さんといっしょに，おじさん博士の名調子を聞きに行きましょう！

はじめに

「ゴムはどうして伸びるの？」と幼稚園の子どもにきかれたことがあります。正直なところ答えられませんでした。この本を手にとられたあなたも，もしかしたら幼い日，同じような疑問を持たれたことがあるかもしれません。そして満足のゆく答えを得られないまますぎて来たのではないでしょうか。

この本は，そのような素朴な疑問を持ちつづけているかもしれないあなたに読んでほしい，と思ってまとめたものです。ゴムがなぜ伸びるか？　については，この本の解答ではまだまだ不十分ではありますが，いちおうの納得がいただけるのではないかと思います。

私たちの身のまわりにある物は，食料，衣料，家具など，大半は有機化合物からできています。ですからそれらについて疑問を持ったら，その解決のためには，どうしても有機化学の知識がなくてはなりません。

ところが，高等学校の教科書を見ると，有機化学については，ほとんどが後のほうに出ています。もう"化学"には少々うんざりしたころに出会い，学年末のさしせまった時間の中で，かけ足で学び，"カメの甲"はむずかしいという印象だけを残し

ているのではないかと思います。

　今，幼い日の素朴な疑問にかえって，有機化学をながめなおしてほしい——それがこの本の願いです。

　私ども両人は，学生時代からの親友です。一時は，同じ研究所に勤めたことがあります。安藤は研究生活に終始しました。米山は戦後，郷里に帰り，高校の教師をしたあと科学読み物のライターになりました。

　この本は，安藤の長い研究生活の経験と最新の知識，そして米山の教師生活の経験とが結びついて，まとめあげられたものです。

　ブルーバックスの米山の前著『化学ぎらいをなくす本』（編集部注：〈新装版〉が出ています）につづいて，「有機化学ぎらいをなくす本」としてお読みいただければ幸いです。

　前著同様，ブルーバックス編集長の末武親一郎氏，ならびに編集の小宮浩氏に，いろいろお世話になりました。厚く御礼申しあげます。

　　昭和56年11月30日　　　　　　　　米山正信　　安藤　宏

有機化学が好きになる <新装版> —— もくじ

<新装版>刊行にあたって　*5*

はじめに　*6*

I　はじめの章——
　　　　　　有機化学が嫌いになりそう！　*17*

I-1　おじさん博士との出会い　*17*
悩める一君 *17*／一から始めよう *18*／研究とは何か *19*

I-2　身近な素材で化学する　*21*
ゴムはなぜ伸びるのか *21*／化学の手法 *22*

II　有機化合物を調べる手順　*23*

II-1　輪ゴムができるまで　*23*
ゴムはどこから来たのか *23*／ゴムの原料 *25*／硫黄を加えると *26*

II-2　まず調べる物質を純粋にする　*27*
物質を純粋にする方法 *27*／ゴムの原料を純粋にする方法 *28*

II-3　燃やしてCO_2が出れば有機化合物　*29*
有機化合物とは何か *29*／有機化合物の見分け方 *29*／気体の見分け方 *30*／CO_2とH_2Oを検出する *31*

II-4　成分元素の割合を調べる　*32*
まずC, H, O量を調べる *32*／C, H, Oの質量比を算出

する *34*／原子数で比べる *35*／整数比にしてみる *36*

II-5 分子量を求めて分子式へ *37*
分子量の測定方法 *37*／ゴムの分子量は測定できない？ *38*

II-6 高分子化合物とは何か *38*
コロイド溶液にしかならないもの *38*／高分子化合物が支える日常生活 *39*

II-7 高分子化合物は分解して調べる *40*
ゴムは高分子化合物か？ *40*／デンプンの加水分解 *41*／縮合反応と重合反応 *42*／カニとカミキリムシ *44*

II-8 高分子化合物のでき方——重合反応 *46*
重合体と単量体 *46*／熱すると分解する理由 *47*

II-9 生ゴムは$(C_5H_8)_n$だと言えるか？ *48*
ゴムの単量体 *48*／イソプレンの性質 *49*／C_5H_8であることを確かめる *50*／炭化水素の分子量を測定する *50*／分子量を求める必要はない!? *51*

III 炭化水素という化合物集団 *53*

III-1 CとHだけで化合物がたくさんできる *53*
2種類の元素だけからなる物質 *53*／2種類元素の組み合わせを探す *53*

III-2 C原子の構造の秘密 *54*
原子構造のボーア・モデル *54*／電子軌道の複雑な構

造 55／原子どうしの結びつきの様子 57／結びつきの強弱 59／電子軌道が伸びる方向 61／分子構造の広がり方 61／C原子の広がり方 63

III-3 プロパンガスの仲間たち
——アルカン（メタン系炭化水素） 64
メタンの構造 64／C原子が2〜4個の炭化水素 66／たくさんある異性体 68／炭化水素の一般式 70

III-4 ポリエチレンの原料は気体
——アルケン（エチレン系炭化水素） 72
二重結合を持つ炭化水素 72／エチレンなのか？ エタンなのか？ 73／置き換わる反応・付け加わる反応 74／おきやすい反応・おきにくい反応 75

III-5 二重結合の2本の手は同じものではない 78
二重結合の手の強さ 78／黒鉛とダイヤモンド 78／黒くなるか透明になるか 79／電子軌道の風船アート 81／σ結合・π結合 82／黒鉛が電気を通すわけ 82

III-6 エチレンとその仲間たち 84
エチレンの製法 84／自由に回るσ結合 85／抱えるか？ 下げるか？ 86

III-7 輪になる仲間たち——シクロアルカン 88

III-8 ビニル樹脂の出発点
——アルキン（アセチレン系炭化水素） 90
二重結合・三重結合 90／夜店のランプ 91／溶接の臭い 92／爆発する濃度 94／アセチレンの充填方法

95／爆発性の化合物 96／ポリバケツを作る 97／化け学 99／変身するカーバイド 100

Ⅲ-9 二重結合が二つある仲間たち——ジエン系　*101*
イソプレンの仲間 *101*／等間隔ではない結びつき *102*

Ⅲ-10 "カメの甲"の仲間たち——芳香族炭化水素　*104*
1字違いで大違い *104*／ケクレの夢 *105*／ベンゼンの電子構造 *107*／"カメの甲"の描き方 *108*／三つのベンゼン環 *109*／メタ位はできにくい *111*／ベンゼンからできるもの *112*

Ⅳ 有機化合物の名前のつけ方
——IUPAC命名法　*115*

慣用名とIUPAC命名法 *115*／IUPAC命名法の基本ルール *116*／側鎖はどう表記するのか *117*／二重結合・三重結合の表し方 *121*／環状化合物の表し方 *122*

Ⅴ 炭化水素を徐々に酸化して得られる化合物
——アルコール・アルデヒド・カルボン酸　*125*

Ⅴ-1 甘酒がすっぱくなる話　*125*
甘酒の作り方 *125*／甘酒→お酒→お酢 *126*

Ⅴ-2 エタンを徐々に酸化すると　*128*
エタン→エタノール *128*／酸化は発熱反応 *129*／炭化水素基 *131*

V-3 百薬の長か魔物の水か
###　　　　　　——アルコールとその仲間たち　*132*
アルコールの命名法 *132*／さまざまなアルコール *133*／アルコールの代表・エタノール *135*／"目散る"と"絵散る" *136*

V-4 アルコールの酸化が進んだ化合物
###　　　　　　——アルデヒドとケトンの仲間たち　*137*
樹脂の原料へ *137*／鏡の作り方 *138*／第2級アルコールからできるのは？ *140*

V-5 お酢(酢酸)の仲間たち——カルボン酸　*141*
"高級"な仲間たち *141*／さまざまな脂肪酸 *143*

VI アルコールやカルボン酸からできる化合物　*145*

VI-1 香りのよい仲間たち——エーテルとエステル　*145*
30℃の差が生む違い *145*／対称形と非対称形 *146*／エーテルの性質 *147*／果物の香り成分 *147*／石鹸を作る反応 *149*／必要量の換算値 *150*／遅く生まれた損と得 *151*／サリチル酸が反応する仕組み *153*

VI-2 ヒドロキシ基-OHがあっても酸性!?
###　　　　　　——フェノールの仲間たち　*154*
フェノールの性質 *154*／-OHは両性 *155*／ベンゼンからフェノールを作る *157*

VI-3 窒素Nを含んだ化合物　*159*

VII イソプレンの正体を探る　163

VII-1 分子の構造を調べる　163
イソプレンの異性体を考える *163*／構造決定の方法 *165*／炭化水素の見分け方 *166*／異性体の見分け方 *167*

VII-2 いよいよ C_5H_8 に挑戦する　167
二重結合と三重結合の見分け方 *167*／共役二重結合のみつけ方 *168*／イソプレンの構造式 *169*

VII-3 最強の分析機器——クロマトグラフィー　170
分析の古典的手法 *170*／木の葉はなぜ緑色なのか？ *171*／物質は特有の色の光を吸収する *171*／光のスペクトル分析 *172*／赤外線によるスペクトル分析 *173*／NMR分析法 *174*／質量分析法 *174*

VIII 再び，ゴムはどうして伸びるのか　177

VIII-1 物質の形は分子の形に関係する!?　177
ゴムにはバネが隠れている *177*／見えない分子が見える性質を決めている *179*

VIII-2 ポリエチレンのできるメカニズム　180
エチレンの重合反応 *180*／燃えるとなぜススが出るのか *182*

VIII-3 ゴム分子がスプリングになるわけ　183
イソプレンの重合反応 *183*／イソプレンの異性体 *184*／X線でゴムを見る *186*／ゴムに潜むスプリン

グの並び方 187／ふくらませたゴム風船は元に戻らない 189／牛肉を食べても牛にならないわけ 190

IX 反応を特定方向に導くもの——触媒 193

IX-1 触媒は交通整理のお巡りさん 193
触媒の働き 193／触媒とは何か 194／根気強い実験の繰り返し 195

IX-2 触媒の働き方を重水で調べる 196
"重い"水!? 196／よい触媒にはよく吸着する 199／よい触媒は表面積が広い 200／触媒は専門職 201／鍵と鍵穴 202

IX-3 イソプレンをシス形に重合させる触媒 203
ブロックを積み上げる 203／ゴムを作る高性能酵素 205／生体工場の不思議 206

IX-4 たった一人の"私"を作る触媒(?) 207
なぜ"同じ人間"にはならないのか 207／触媒の新しい定義 208／化学者の責任 209

X イソプレン合成の研究 211

X-1 C_2とC_3からC_5ができる!? 211
時代の花形だった研究分野 211／プロピレン＋エチレン＝イソプレン？ 213／イソプレンへの険しい道のり 214

X-2 チーグラー触媒とTEA　*215*
チーグラー論文からのヒント *215* ／"取り扱い注意"の危険物 *218* ／エタノールの連続製法 *219*

X-3 TEAとプロピレンの反応――第1反応　*221*
特製の反応容器 *221* ／さまざまな創意工夫 *223*

X-4 反応装置の中には何ができているのか　*224*
考えられる生成物は？ *224* ／考えられる反応は？ *225* ／何がどれだけできている？ *226* ／炭化水素を分析する *227* ／ガスクロマトグラフィー *228* ／ガスの識別方法 *230* ／便利な装置の落とし穴 *232*

X-5 第1反応の実験結果　*234*
実験評価の眼目 *234* ／研究の苦労と喜び *234*

X-6 第2反応と新しい触媒の発見　*236*
そのまま第2反応へ *236* ／触媒の問題点 *237* ／新しい触媒の発見 *238*

X-7 いよいよイソプレンへ　*239*
イソプレン合成の成功 *239* ／合成ゴムの完成 *241*

XI おわりの章――
　　有機化学が好きになれそう！　*243*

さくいん　*246*

I はじめの章——
有機化学が嫌いになりそう！

I-1 おじさん博士との出会い

◆ 悩める一君

「一君、どうしたの？ そんなに浮かない顔をして」

化学クラブの部室の窓から、ぼんやりと外をながめている一君に理恵さんが声をかけました。

「ああ理恵さん。僕もう、化学クラブをやめようかと思っているんだ」

「どうして？ 将来は化学者になるって、あんなにはりきってたのに」

「これを見てくれよ。化学のテスト、僕、たったの50点なんだ。平均点を12点も下回っている。これが、化学クラブで合成樹脂の研究をやっている者の点数なんだよ。中学生のとき『プランクトンの繁殖に及ぼす合成洗剤の影響について』という研究で、賞をもらった僕がだぜ。

合成樹脂や合成洗剤なんか有機化学だろう。その有機化学のテストでこの点数なんだ。これじゃ、とても化学者になんかなれやしないよ」

「そうかなあ。一君は研究が好きだし、実験はうまいし、化学者に向いてると思うけどなあ。わかった、テストは暗記だからよ。一君は暗記が苦手なんじゃない？」

「うん。アルカンだのアルケンだの化学式の行列なんか，実際の合成樹脂を作るのにどんな関係があるのかなあ，なんて思っちゃってね。テストの勉強を途中でやめちゃったんだよ」
「まあ，そんなことで悩んでたのね。それならいいことがあるわ。あのね，私のおじさんで，長いこと化学の研究所にいる人がいるの。どう，そのおじさんに，化学者になるにはどんな勉強をしたらよいのか，聞いてみない？」
「え？　そんなおじさんがいるの？　そりゃあ，ありがたい。ぜひ連れてってよ」
　——ということで，二人は次の土曜日の午後，理恵さんのおじさんの研究所を訪問しました。

◆一から始めよう

　二人の話を聞くと，おじさん博士はおもむろに言いました。
「一君，あなたは自分の名前だから，小さいころから"一"と書いてハジメと読むのを不思議には思わないでしょう。でも，小学生では"一"と書いてハジメと読める子は少ないんじゃないかな？
　さらに『一君は有機化学ができなくて悩んでいます』と書いて，あなたは読める。ところが小学校の1年生には，まだ『はじめくんはゆうきか学ができなくてなやんでいます』と書かないと読めない。3年生で『はじめ君は有き化学ができなくてなやんでいます』。6年生になって，ようやく『はじめ君は有機化学ができなくてなやんでいます』が読めるようになる。
　しかし読めたとしても，有機化学がどんなものなのかは，よくはわからないでしょう。
　これと同じでね，一君は中学生のころから合成洗剤を使った実験をやり，今も合成樹脂の研究をしていて，有機化学は何と

なくわかっているような気がしている。ところが，授業では小学1年生なみの有機化学の"かな文字"から始まる。それで一君はやる気がしなくなってたのじゃないかな？」
「うーん。そう言われれば……」
「そうね，一君も"はじめくん"から始めないとダメね」
「たしかにそのとおりだけど，僕はその有機化学の第一歩のテストが不合格だった。そんな僕が合成樹脂の研究をするなんて，意味ないことにならないだろうか？」
「うーん，そうなのかしらねえ……」

◆ 研究とは何か

　二人が迷うと，おじさん博士が言いました。
「いや，意味のないことではありませんよ。私のやっている研究も，一君と同じで，わからないものに挑戦し，今までわかっている知識で何とか説明しようと試みる。それができないところから新しい知識が生まれる，というものです。

　一君が合成樹脂で何を研究しているかは知りませんが，たとえばフェノール樹脂を作る実験だったら，おそらくフェノール何gとホルムアルデヒド水溶液（ホルマリン）何gを混ぜて，どんな具合に熱すればよいのかとか，触媒として何を加えたらよいのか，といったことを調べるのでしょう？」
「はい」
「こういうトライアル・アンド・エラー方式で進むのもけっこうだけど，フェノールやホルムアルデヒドとはどんな分子式か，どんな構造の物質かを知ってから取りかかったらどうでしょう。両者の質量の比がどうあったらよいか，などということが説明できるし，予想もできます。

　だから，実験的に合成樹脂を研究すると同時に，やはり，フェ

ノールとは何か、ホルムアルデヒドとはどんなものか、という第一歩の勉強もする必要があるわけです」
「それはわかります。僕もフェノールやホルムアルデヒドについては調べました」
「あっ、そうだわ」と理恵さんが何か思いついたように言いました。
「一君は、なまじ化学が好きで実験をやっているから、第一歩が何となくバカらしく思えるのよ。

　私なんか、メタンもフェノールも自分とはあまり関係ないものなので、テストがあるから仕方なく覚えるの。

　ところが一君は、メタンは私と同じであまり関係ないものだけど、フェノールは実験で使いなれていて、なじみなのね。だからフェノールはテストがなくても調べようとする反面、メタンは私以上に関係なく思え、勉強しないんじゃないの？」
「なるほど、そういうことかもしれませんね。つまり、学校では昔の人たちが得た知識を学ぶ。ところが実際の研究は、昔の知識を学ぶのではなく、新たな知識を得ることが目標です。その違いを、一君は十分に認識してはいないのでは？」
「そう言われればわかります。やはり、教科書にあることを順序よく学ぶことが必要なんですね」
　そこでまた理恵さんが口を出しました。
「ねえ、おじさま、その両方をうまくつなげたような勉強法ってないのかしら。たとえば、何かおじさまの研究について関連したお話とか……」
「なるほど」
　そう言いながら、おじさん博士は、何げなしにテーブルの上にあった輪ゴムをとって、両手で伸ばしたり縮めたりしながら考え始めます。

Ⅰ　はじめの章

I-2 身近な素材で化学する

◆ ゴムはなぜ伸びるのか

それを見て，一君がふと言いました。
「輪ゴムはどうして伸びるんでしょうね。合成樹脂にも弾性のあるものもありますが，とてもゴムのようには伸びません」

輪ゴムがこんなに伸びる秘密は？

すると，おじさん博士はキラリと目を光らせ，体をのり出しました。
「なるほど，それはいいテーマです。ではゴムはなぜ伸びるか？ということを考えながら，有機化学の勉強を進めてみましょう」
「わあっ，おもしろそう！」
「ぜひ，お願いします」

◆ 化学の手法

「ここに天然有機化合物のゴムがある。これには"よく伸びる"という性質がある。なぜよく伸びるのかを知るためには、まずゴムとは何かから調べなくてはなりませんね。

天然の有機化合物は、一般に次のような手順で調べます。

1. 目的とする物質を純粋に取り出す。
2. その物質が有機化合物であることを確認する。
3. どういう元素の化合物か元素分析して、組成式（実験式）を求める。
4. 分子量測定して、分子式を求める。
5. 分子内の原子の結びつき方をさぐって、構造式を求める。

ここまでわかったら、ゴムの場合には、

6. その構造と、よく伸びるという性質の間にどんな関係があるかを考える。
7. 別の原料から、ゴムと同じ成分の物質を合成してみる。

——ということになると思います」
「はい」
「この大筋にそって、有機化学の勉強をしていきましょう」
「はい、お願いします」

こうして一君と理恵さんは、おじさん博士から、有機化学の課外授業を受けることになりました。

II 有機化合物を調べる手順

II-1 輪ゴムができるまで

◆ ゴムはどこから来たのか

おじさん博士は話し始めました。

「ゴムのことを英語でラバー(rubber)といいますね。ラバーとは"こするもの"という意味で,つまり文明社会におけるゴムの最初の用途は消しゴムでした」

「"文明社会における"というと,文明社会でないところでは別の用途だったんですか?」

「そう。コロンブスがアメリカ大陸に到達したとき(1492年),先住民たちはゴム球で遊んでいたそうです。まとまった量のゴムがヨーロッパに渡ったのは,それから300年も経た18世紀の後半でした。

初めてゴムを消しゴムに使ったのは,酸素を発見したイギリスの化学者プリーストリーで,1770年のことだという説もあります。その後,ゴムはさかんに利用されるようになりました。

ゴムの木の幹に傷をつけて,そこから流れ出す樹液からゴムを作ることは,二人とも知っているでしょう? ゴムの木の中でも,パラゴムの木がいちばんよいことがわかりました。そのパラゴムの木は,南米のアマゾンの原産です。1876年にイギリスのウィッカムという人が,このパラゴムの種を7万粒ほど

左から，初めて消しゴムを使ったジョゼフ・プリーストリー(1733〜1804年)と，ゴムの木をもたらしたヘンリー・ウィッカム(1846〜1928年)。ウィッカムはその功績でサーの称号を授かった。

ゴム樹液（ラテックス）の採取
幹を刻み，その傷からしみ出る樹液を集める。

秘かに持ち帰った。この種から出た芽が，その後，セイロン島やジャワ島に移植されました」
「わあ，私は，ゴムは東南アジアの特産だと思ったけど，そうじゃなかったんですね」
「今でこそ東南アジアが主要な産出国ですが，原産地は南米な

Ⅱ　有機化合物を調べる手順

のです。では，いよいよ化学の話に入りますよ」

◆ ゴムの原料

「松の木を傷つけると松ヤニが出ますね。じつはほとんどの木が，傷つければ樹液を出して傷口をおおうようになります。ウルシの木から出る樹液は，日本では大昔から使っていました。

　ゴムの木の傷から出る樹液はラテックスといいます。牛乳のような白い液体です。60 ～ 65％が水で，主成分はゴムの成分ですが，そのほかに樹脂，タンパク質，糖分，酵素，塩分などが混じっています。

　ところで，"ラテックスは牛乳のように白い液体"と言いましたが，牛乳が白く見える理由を知っていますか？」
「脂肪の粒のためでしょう？　それを集めてバターにします」
「そうですね。ラテックスが白いのも牛乳と同じで，ラテックス粒子が分散しているからです。

　このように顕微鏡でやっと見えるくらいからさらに小さい粒（直径 10^{-9} ～ 10^{-7}m）が分散している溶液を，コロイド溶液といいます。

　ラテックス粒子もコロイド粒子です。形は，採取した木によって多少異なりますが，だいたいⅡ～1図のような構造です。つまり，ゴムになる粘性の液体を，同じくゴムになる物質だが少

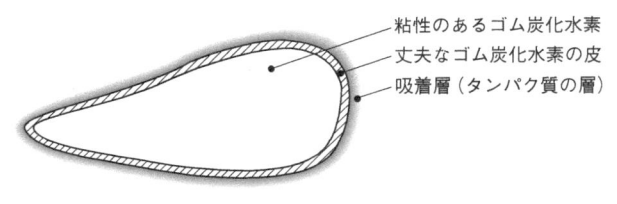

Ⅱ～1図　ラテックス粒子の構造

し丈夫な皮が包んでいて，さらにそのまわりにタンパク質を含んだ層がある。

コロイド粒子はプラス（＋）かマイナス（−）に帯電していますが，ラテックス粒子もいちばん外側が（−）に帯電しています。そこでラテックス溶液に電極を入れると，＋電極にラテックス粒子が集まります。こういう現象を電気泳動といいます」
「では，電気でゴムを集めるのですか？」
「そういう方法もありますが，コロイド粒子は電解質（水溶液が電気を通す物質）を加えてやると，表面の電荷が中和されて沈殿します。ラテックスも，酢酸などを加えるとゴム粒子を沈殿させることができます。コロンブスが出会った先住民たちは，ラテックスを火であぶってゴム球に固めていたようです」

◆ 硫黄を加えると

「そうして取り出したものが，生ゴムなのですか？」
「そうです」
「生ゴムと輪ゴムのゴムは，どう違うのですか？」
「輪ゴムのようによく伸び縮みするようにしたゴムは，弾性ゴムといいます。生ゴム自体にもけっこう弾性はあるのですが，温度による影響が大きい。つまり夏にはやわらかくなってベトベトした状態になり，反対に冬には固くなって弾性が弱まる。それでは実用にはなりません。

そこで，加硫といって硫黄Sを混ぜたのが弾性ゴムです。生ゴムに硫黄を8％ほど混ぜ，140℃くらいに熱するのです。ゴム風船のように薄いものは，二硫化炭素 CS_2 や二塩化硫黄 SCl_2 の液体によって加硫します」
「硫黄を加えると，どうして弾性が増すのですか？」
「えーと，それはもう少し先に行って，ゴムの構造がわかって

からお話しすることにしましょう（Ⅷ章）。

　とにかく、輪ゴムは、大まかにいうと、ゴムの木から採れるラテックスという樹液から生ゴムを取り出し、それに加硫して作られるのです。

　しかしゴムとは何かを知るには、輪ゴムではなく、加硫前の生ゴムについて調べなくてはいけないことはわかりますね？」
「はい」

Ⅱ-2 まず調べる物質を純粋にする

◆ 物質を純粋にする方法

「生ゴムについて調べるには、まず不純物を取り除いて、なるべく純粋にしなくてはいけません。そこで、まず生ゴムから一時離れて、一般に物質を純粋にする方法を考えてみましょう。これには再結晶法と蒸留法があります。

　何らかの溶媒に溶け、濃縮あるいは低温にすることによって再び固体として結晶するような物質は、その操作を繰り返すことによって、次第に純粋に近くなっていきます。これは、溶媒の中から溶質が析出するとき、同種のイオンや分子が並びやすく、不純物のイオンや分子が結晶の中に入りにくいためです。この方法が再結晶法です。

　もう一つの蒸留法は、熱して気体になりやすい物質を、いったん熱して気体にし、また冷やして液体にします。つまり蒸留することによって、同じ沸点のものを集めるという方法です。同じ沸点の物質は、同一物質といえるからです」
「ゴムは気体になるとは思えないから、再結晶法で不純物を除くのですね？」

「残念ながら，ラテックスはコロイド溶液なので，結晶しません。今は有機化学の基礎を勉強しているところなので，一般の有機化合物の精製法をお話ししたわけで，生ゴムには直接，関係がないんですよ」
「あれえ，ではどうするんですか？」

◆ ゴムの原料を純粋にする方法
「コロイドを精製する方法の一つに透析法があります。

　セロハンは知っていますね？　イオンや小さい分子は通すけれど，大きなコロイド粒子は通さないほどの孔があいています。半透膜といって，これを利用するのです。

　セロハンの袋にコロイド溶液を入れ，それを水に漬けておくと，コロイドに混じっていたイオンや分子は外に出ていく。ちょうど，篩（ふるい）で大豆に混じった砂を除くようなものですね」
「生ゴムはその方法でやるのですか？」
「そうです。ただし透析法では，塩分や糖分は除けますが，タンパク質などの大きい分子は除けません」
「ではどうするんですか？」
「電気泳動といって，ラテックス粒子が−の電荷を持っているので，＋電極に集まることは前に話しましたね（26ページ）。電気泳動で集まったものを，また新しい溶剤に分散させ，再び電気泳動によって集める——ということを繰り返す方法で精製できます。これは一種の再結晶法ともいえますね。

　しかし，ラテックス粒子が単一の物質ではないので，純粋なゴムを得ることはたいへんむずかしいのです」
「なあーんだ」

II-3 燃やしてCO₂が出れば有機化合物

◆ 有機化合物とは何か

「では，ゴムが有機化合物であるかどうかを調べることにしましょう。まあ，そもそもゴムの木という植物から採れるから，有機化合物には違いないのですが」

「でも，その有機，無機というの，どういう意味か，いつも気になっているんです。機が有るとか無いとか，機って何のことですか？」

「有機とは生活機能のあること，無機とは生活機能のないことです。つまり，有機化合物は，植物や動物のように生活機能を持つものを形作っている物質か，またはそれらによって作られる物質です。これに対して無機化合物は，生物に関係の薄い岩石とか海水中の物質という意味です。

しかし有機化合物と無機化合物の間にはっきりとした境はなく，今は，炭素Cを中心とした非常に多くの化合物群を有機化合物，その他の元素の化合物を無機化合物と呼んでいます」

「すると"炭素を含まない有機化合物"はないんですね」

「ありません。反対に，炭素を含んでいても有機化合物でないものはあります。たとえば，二酸化炭素CO_2とか炭酸カルシウム$CaCO_3$などがそうですね」

◆ 有機化合物の見分け方

「どこで見分けたらいいんですか？」

「そうですね，わりあいに簡単な見分け方としては，燃やしてみることです。

ほとんどの有機化合物は，よく燃えて二酸化炭素CO_2と水

H_2O を出します。C を含んでいるのだから、燃えて、つまり酸化して CO_2 になるのは当然ですが。それから、空気を断って熱する、つまり乾留すると炭化、すなわちスミになります。

しかし炭酸カルシウム $CaCO_3$ などは、C を含んでいますが熱に強く、けっして炭化しません。つまり $CaCO_3$ は有機化合物ではないということです。

その他、有機化合物はガソリンやアルコールなどの有機溶媒には溶けやすいとか、エタノールなど水に溶けるものでも、電気を通さない(非電解質)などの特徴があります」

「うーん……」

「まあ、慣れればわかります——ということにして先に進みます。どうも、私はあまり親切な先生ではありませんね」

◆ 気体の見分け方

「ゴムを燃やすとくさいでしょう。あれはゴムそのものの臭いではありません。ふつうのゴムは加硫してある、つまり硫黄が含まれていて、その硫黄が燃える臭いなんです。

ゴムでない有機化合物も、燃やしてくさかったら、硫黄や窒素が入っていると思ってよいのです。ほとんど臭わずに燃えたら、それはまあ、炭素 C、水素 H、酸素 O の化合物でしょう」

「二酸化炭素 CO_2 は臭いませんが、燃やして CO_2 が出たということは、どうしてわかるんですか?」

「なーんだ理恵さん、中学で習ったじゃないか。CO_2 は石灰水に通すと白く濁るんだろう」

「あっ、そうか。でも燃えてできるガスをどうやって石灰水に通すの。試験管の中で燃やすの? だって、もし蒸発しやすい物質だったら、燃える前に蒸発してしまわない?」

「あ、そうか」

Ⅱ　有機化合物を調べる手順

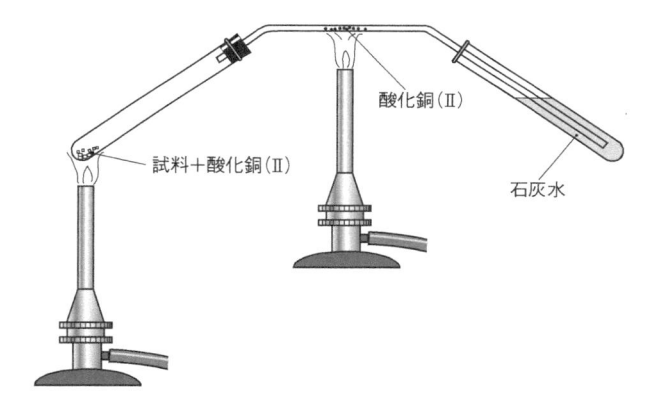

Ⅱ〜2図　二酸化炭素を検出する

「たしかに揮発性の有機化合物を試験管に入れて下から熱したら，すぐ蒸発してしまいます。蒸発皿のようなものに入れて点火すれば燃えてしまい，発生した気体は空中へ逃げてしまう」

◆ CO_2 と H_2O を検出する

「そこで実験にはちょっとした工夫をします（Ⅱ〜2図）。

　試験管の中に試料だけでなく，酸素を与える酸化銅（Ⅱ）CuO の粉を混ぜるのです。そして出る気体を石灰水に送る管の途中にも，CuO 粉を軽くつめておきます。

　用意ができたら，まず CuO の入っている管の部分を下から熱し，次に試験管を熱するのです。すると試験管の中でそのまま蒸発した試料も，管の途中で酸化されて CO_2 になり，石灰水を白濁させます」

「あ，なるほど」

「でも，水の出ることはどうしてわかりますか？」

「水は，石灰水に通ずる管の上のあたりに水滴になってつくからわかります」

「……でも，これでは試料の中に酸素があるかどうかわかりませんね」

「そうです。酸素は管内の空気中にありますからね。つまり，この方法は試料が"有機化合物らしい"ことがわかるだけです。そこで次に元素分析をするのです」

II-4 成分元素の割合を調べる

◆ まずC，H，O量を調べる

「その試料がどんな元素の化合物からなるのか，それらの割合はどうなのかを見分けることを，元素分析といいます。

有機化合物は何百万もありますが，成分元素はそのわりあいに少なくて，C，H，Oだけのものが大半です。それに窒素Nや硫黄Sが入ったものがいくらかあります。人工的なものだと塩素Clなどが入ったものもあります。

そこでまずC，H，Oの量を求めるのです。

試料の質量を量って装置に入れるだけで分析値を打ち出してくれる，とても便利な装置があります。でも今は，勉強のために昔の方法をお話ししましょう。

II～3図を見てください。

主体は耐熱ガラスのパイプです。②白金製のボートに，正確に質量を量った試料を入れます。③のあたりが先ほどと同じく蒸発してきた試料を完全に燃やすための酸化銅(II)CuOの粉の層。両側に銀綿Agを詰めるのは，試料の中に塩素Clなどのハロゲン元素があった場合に，それを捕らえる役です。

Ⅱ　有機化合物を調べる手順

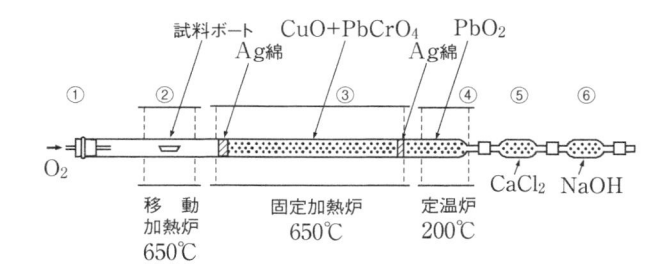

Ⅱ〜3図　元素分析をする

　CuO の中に，クロム酸鉛(Ⅱ) $PbCrO_4$ を混ぜるのは，S が入っていたとき，二酸化硫黄 SO_2 となって出てくるのを捕らえるためです。また，④に酸化鉛(Ⅳ) PbO_2 が詰めてあるのは，N の酸化物を捕らえるためです。

　⑤の管には水分 H_2O を捕らえる塩化カルシウム $CaCl_2$ を入れ，さらに CO_2 を捕らえる水酸化ナトリウム NaOH を入れた管⑥をつなぎます。これらは前もって質量を正確に量っておきます。

　そして，まず③の炉に電流を流して熱します。次に①から乾いた O_2 を送りながら②の炉を熱します。②の炉は左右に動かせるようになっていますから，ときどき動かしてボートの中を確認し，試料が完全に燃えてなくなったら，電気炉のスイッチを切ります。冷えるのを待って⑤と⑥を取りはずし，その質量の増加を量ります。実際には，空気中の水分や CO_2 が⑤や⑥の中に入らないように⑤，⑥の両端にはコックがついています。

　さあ，こうすると，⑤の質量増加は"生じた H_2O の質量"，⑥の質量増加は"生じた CO_2 の質量"ということになります」

◆ C, H, O の質量比を算出する

「ではここで仮想の実験をしてみましょう。

よく乾燥させた生ゴム 680mg を②試料ボートに入れ、電気炉のスイッチを入れて熱します。そして生ゴムが完全に燃えたら、冷却して⑤と⑥の質量の増加を調べます。すると次のような結果が出たとします。

　　⑤の質量増加……生じた H_2O の質量…… 716mg
　　⑥の質量増加……生じた CO_2 の質量……2188mg

さあ、この結果から一君は試料の中の C の質量、理恵さんは同じく H の質量を計算して出してください」

そこで二人は、しばらく話し合っていました。

「原子量は C が 12、O は 16 だから、CO_2 の分子量は $12 + 16 \times 2 = 44$。そこで 2188mg の CO_2 中の C 原子の質量は 2188mg $\times \dfrac{12}{44}$ だろう」

「同じように、H の原子量は 1 だから、H_2O の分子量は $1 \times 2 + 16 = 18$。そこで 716mg の H_2O 中の H 原子の質量は 716mg $\times \dfrac{2}{18}$ になるわね」

そうして、こんな計算になりました。

一君の計算

CO_2 2188mg の中の C の質量を求めればよいのだから、

$$2188\text{mg} \times \dfrac{C}{CO_2} = 2188\text{mg} \times \dfrac{12}{44} = 596.73\text{mg}$$

理恵さんの計算

同じく、H_2O 716mg 中の H の質量を求めればよいのだから、

Ⅱ 有機化合物を調べる手順

$$716\text{mg} \times \frac{2\text{H}}{\text{H}_2\text{O}} = 716\text{mg} \times \frac{2}{18} = 79.56\text{mg}$$

「なるほど,いいでしょう。すると596.73mg + 79.56mg = 676.29mgだから,元の試料の中にCとH以外のものが680mg − 676.29mg = 3.71mgあることになります。

今,これをOとして考えを進めてみましょう。わかったことは,試料の中のC:H:Oの質量比が596.73:79.56:3.71ということですね。では,この質量比を原子数の比に直してください」

◆ 原子数で比べる

「原子数の比ですって?」
「そうです。わかりにくかったら,こんなふうに考えてみましょう。15kgのミカンの入っている箱があります。1個のミカンの質量が150gあったとしたら,箱には何個のミカンが入っていますか?」
「やあ,それなら小学生の問題ですよ。15(kg) ÷ 150(g) = 15000 ÷ 150 = 100(個)でしょう」
「そうですね。同じように原子の数を考えてごらんなさい」
「あ,そうか。C原子1個の質量がわかればいいんだな。でも原子ってすごく小さいんですよね」
「そうですね。さあ問題をもう一度よく考えてください。CやHの原子数そのものを求めているのではありません。数の割合,つまり比を求めているのですよ」
「あっ,そうすると,原子1個の質量を知らなくても質量の比がわかればいいんですね。原子の質量の比というと……」
「あっ,それは原子量よ」

そこで二人の計算です。

$$C\cdots\cdots 596.73 \times \frac{1}{12} = 49.73$$

$$H\cdots\cdots 79.56 \times \frac{1}{1} = 79.56$$

$$O\cdots\cdots 3.71 \times \frac{1}{16} = 0.232$$

Cの数:Hの数:Oの数 = 49.73 : 79.56 : 0.232

「そういうことですね。ところで原子数の比ですから,それを整数比になおしてみませんか」

◆ 整数比にしてみる

「というと,いちばん小さい数を1としてみればいいですね。そうすると,ええと,49.73 : 79.56 : 0.232 = 214 : 343 : 1 となります」

「そうです,$C_{214}H_{343}O$ ということになります。しかしCやHに比べてOが少なすぎますから,Oの3.71mgというのは不純物または実験誤差として無視することにしましょう。すると$C_{214}H_{343} ≒ C_5H_8$ となって,すっきりしますね」

「わあ,すると C_5H_8 が生ゴムの分子式ということですか?」

「おっと,そうあわててはいけません。これは組成を表す式ですから,生ゴムの分子式としては C_5H_8, $C_{10}H_{16}$, $C_{15}H_{24}$, $C_{20}H_{32}$, ……というように,いろいろ考えられますね」

「ああ,そうか」

「だから C_5H_8 はまだ組成式,あるいは実験から得られた式ということで実験式といいます」

「ああ,わかった。次に分子量を求めればいいのでしょう?」

「そうですね。分子量を求めて,この組成式の式量と比べてみれば,分子式がわかります。そこで,とりあえず生ゴムの分子

式を $(C_5H_8)_n$ として,分子量を求めてみましょう」

II-5 分子量を求めて分子式へ

◆ 分子量の測定方法

「分子量の測定って,化学の授業の最初のころに習ったわね」
「うん。同じ条件で酸素に対する比重を求めて,32倍すればよかったんだよね」
「そうです。どんな気体も0℃,1気圧(1013hPa = 1.013 × 10^5Pa)で1molが22.4Lの体積を占める。このアボガドロの法則を使って,気体の分子量が求められます」

「あ,それから,$PV = nRT$ とか,$PV = \dfrac{m}{M} RT$ などの気体の状態方程式からも求められます(P:圧力 V:体積 R:気体定数 T:絶対温度 n:物質量 m:質量 M:分子量)」
「そうでしたね。気体か気体になりやすいものについては,そういう方法もあります。それから,気体になりにくいものについては,ラウールの法則というのを使った凝固点降下法や沸点上昇法があります」
「何ですか,そのラウールの法則というのは?」
「たとえば海の水は,川の水より凍りにくいでしょう? つまり,液体に何らかの物質が溶けると,その液体の沸点は純粋なときより高くなり,凝固点は低くなるのです。しかも,その沸点上昇や凝固点降下の程度は,溶けた物質のmol数と比例するのです。

すなわちラウールの法則は,"溶媒1kgに溶質1molを溶かした溶液の凝固点降下や沸点上昇は,溶質の種類に関係なく一

定"というのです。

　水についていえば，水1kgに何かを1mol溶かすと，沸点は0.52℃上がり，凝固点は1.86℃下がります。そこで，溶媒に分子量を測定する物質を溶かして，その沸点なり凝固点を測定し，それから分子量を求めることができるわけです」
「ゴムは気体にはならないから，その方法で測定するんですね？」

◆ ゴムの分子量は測定できない？
「ところが，それがダメなんです。というのは，この方法で分子量が求められるのは，分子量が比較的小さい物質，つまり分子の大きさが，溶媒の分子と大差のない物質についてだけだからです。コロイド溶液になるゴムは分子がとても大きいので，この方法では求められません」
「わあ，また肩すかしですか。では，どうやってゴムの分子量を求めるんですか？」
「ごめんなさい。これは肩すかしではなく，分子量を求める方法を復習したと思ってください。

　では，ゴム分子の分子量はどうやって求めるのか。そのためには，また少し脇道に入らなければなりません」

II-6 高分子化合物とは何か

◆ コロイド溶液にしかならないもの
「ゴムの木から採れる牛乳のような白い液体には，ラテックス粒子が分散しているのでしたね（25ページ）。ゴムの樹液1L中に2×10^{11}個くらいの粒子があります。この粒子を集めた

のが生ゴムですが、ラテックス粒子がそのままゴムの分子とはいえません。

この生ゴムをガソリンとかエーテルなどに溶かします。すると、その溶液は必ずコロイド溶液となります。

コロイド粒子の大きさは、直径が 10^{-9}〜10^{-7}m くらいです。一方、いちばん小さい H 原子の直径は 10^{-10}m くらいです。そして簡単に気体になったり、ラウールの法則があてはまるような物質の分子は、その H 原子の、せいぜい数倍の大きさなのです。

つまりコロイド粒子は、この程度の大きさの分子が数個から数百個1列に並んだくらいの直径で、分子数にすると数百から数十万個の塊ということができるでしょう。この小さい分子の集まりを散らしてしまえば、コロイド溶液ではなくなります。

分子の集まりを散らすのには、溶剤を変えてみるのも一つの方法です。ところが、どんな溶剤でもコロイド溶液にしかならない物質があります。たとえば卵白とかゴムです。

こういう物質は、一つの分子そのものがコロイド粒子の大きさであるため、コロイド溶液にしかならないと考えざるをえません。つまり一つの分子が、ふつうの分子の数百から数千倍、あるいはもっと大きいということです。

このような巨大分子からできている物質のことを、高分子化合物（ポリマー）といいます」

◆ **高分子化合物が支える日常生活**

「ええ、合成樹脂はみんな高分子化合物ですよ」

「そう、一君は合成樹脂を研究しているから、よく知っていますね。さあ、そのような目で、身のまわりの物質を改めて見てごらんなさい。ほら、机の上を見回しただけでも、ボールペン

の軸でしょう,三角定規でしょう,紙でしょう,鉛筆の軸木でしょう。机の鉄,ナイフ,ホッチキスなどの金属以外は,みな高分子化合物です。

 教科書に書かれている物質が,何となく日常生活と関係ないように思える一つの原因は,ここにあると思います。つまり,教科書によく出てくる物質は,基本となる分子が小さく不安定なので,日常生活ではあまり使われてはいないのです。簡単に気体になってしまったり,水に溶けてしまっては机の上には置けませんからね」

II-7 高分子化合物は分解して調べる

◆ ゴムは高分子化合物か?

「さあ,ここでゴムの話に戻りましょう。元素分析からゴムの分子は $(C_5H_8)_n$ であるとわかりましたね。ゴムも高分子化合物だとすると,この n は数百から数万と考えたらよいことになります」

「では,分子量が数千から数十万にもなるということですね。ほんとにそうなんですか?」

「さあ,ではそれを証明する方法を考えてみましょう。

 ふつうのコロイド粒子が,溶剤を変えると小さい分子に散ってしまうのは,コロイド粒子の単位分子の間の結合が本格的な化学結合ではないため,簡単に切れてしまうからです。それに対してゴムや卵白のような巨大分子のコロイドは,その単位分子間の結合が本格的な化学結合で,溶剤を変えるくらいでは切れないのだと考えられます。

 けれども,その化学結合も切ることができる力を作用させた

らどうなるでしょう？　たとえばデンプンも高分子化合物ですが，それを熱湯に溶かすと，どろどろの溶液になります」
「あっ，葛湯(くずゆ)ですね。私，大好きです！」
「葛湯もコロイド溶液です。デンプンを顕微鏡で見ると，デンプン粒が見えます。しかし葛湯では粒は見えません。つまり顕微鏡では見えない大きさのデンプン分子がたくさん集まってデンプン粒を形成していて，その粒が穀物やイモなどの中にあるわけですね。

　ゴムではラテックス粒子がデンプン粒に相当し，デンプン分子に相応するゴム分子があると思えばいいでしょう」

◆ デンプンの加水分解

「さて，二人ともデンプンの加水分解の実験をやったことはありますか？」
「はい，あります。中学校のときに」
「デンプンにアミラーゼという酵素を加えたり，酸を加えて熱したりしました」
「で，その結果は何になりました？」
「アミラーゼを加えるとマルトース（麦芽糖）になります。さらにマルターゼという酵素を加えると，グルコース（ブドウ糖）になります」
「酸で加水分解すると，すぐにグルコースになります」
「そうですね。で，グルコースやマルトース，それからデンプンの分子式はどう書きます？」
「はい。グルコースは $C_6H_{12}O_6$，マルトースは $C_{12}H_{22}O_{11}$，デンプンは $(C_6H_{10}O_5)_n$ です」
「そうですね。つまり，こういうことでしょう。

マルトース：$C_{12}H_{22}O_{11} = C_6H_{12}O_6 + C_6H_{12}O_6 - H_2O$
デンプン　：$(C_6H_{10}O_5)_n = (C_6H_{12}O_6 - H_2O)_n$」

「あー。そうですね」
「非常に厳密に書けばデンプンは $\{(C_6H_{10}O_5)_n + H_2O\}$ としなくてはいけないのです。しかし n がとても大きい数なので，H_2O を省略しているのです」
「え？　それ，どういうことですか？」

◆ 縮合反応と重合反応

「グルコースの分子式は $C_6H_{12}O_6$ ですが，構造式では次のようになります。

しかし今は全部の構造を考えなくてもよいので，要点だけで，こう描きましょう（II～4図①）。両側に $-OH$ という枝がついた六角形の分子です。
　グルコース分子が2個近づき，両方の $-OH$ から H_2O がとれて $-O-$ というつながりができるのがマルトースです（II～4図の②）。つまり $C_6H_{12}O_6 + C_6H_{12}O_6 - H_2O \rightarrow C_{12}H_{22}O_{11}$ で，このように二つの分子から一つの水分子（水分子でないこともある）が取れて結びつく反応を縮合といいます」

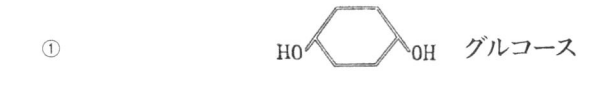

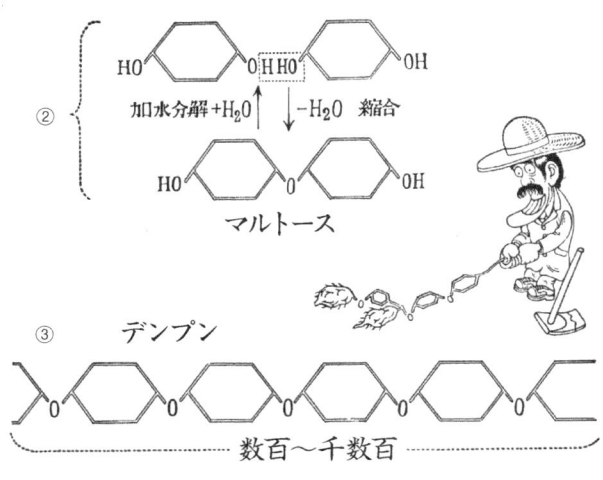

① HO─⬡─OH　グルコース

②
HO─⬡─O[H HO]─⬡─OH
加水分解 +H₂O ↓ ↑ −H₂O 縮合
HO─⬡─O─⬡─OH
マルトース

③ デンプン
─⬡─O─⬡─O─⬡─O─⬡─O─⬡─O─⬡─
── 数百〜千数百 ──

Ⅱ〜4図　加水分解と縮合

「縮まって合体するってことですね」
「ええ。そして，その反対方向，つまり縮合してできた分子に，水分子を反応させて，元の二つの分子にする反応を加水分解といいます」
「水を加えて分解するわけですね」
「そのとおり。さあ，マルトース分子を見てください。また両側に −OH が2個あるでしょう。この −OH が $C_{12}H_{22}O_{11}$ + $C_6H_{12}O_6$ − H_2O → $C_{18}H_{32}O_{16}$ というように，別のグルコースと縮合する可能性があります。そして，それがまた次のグルコースに……と繰り返して n 個つながることが考えられます。

つまり,

$$\begin{aligned}
&= nC_6H_{12}O_6 - (n-1)H_2O \\
&= nC_6H_{12}O_6 - nH_2O + H_2O \\
&= n(C_6H_{12}O_6 - H_2O) + H_2O \\
&= n(C_6H_{10}O_5) + H_2O \\
&= (C_6H_{10}O_5)_n + H_2O
\end{aligned}$$

この n が数百〜千数百のものがデンプンです(II〜4図③)。したがってデンプンの分子式は, 正しくは $\{(C_6H_{10}O_5)_n + H_2O\}$ なのですよ。

このように同じ分子が繰り返してつながっていく反応を重合反応といいますが, このうち縮合でつながっていく場合を縮合重合といいます」
「なーるほど」
「その反対にデンプンを加水分解すると, マルトースとなり, さらにはグルコースとなるわけです」

◆ カニとカミキリムシ

「ああ, そういうことですか」と理恵さんは感心していますが, 一君は?の顔つき。
「でも, おかしいですよ」
「何がですか, 一君?」
「だってデンプンの中の−O−のつながりは, どこも同じでしょう」
「そうですよ」
「だったら, どうして, アミラーゼで加水分解したらマルトースで, 酸で分解したらグルコースになるのですか? アミラーゼでもグルコースになっていいじゃありませんか」

Ⅱ 有機化合物を調べる手順

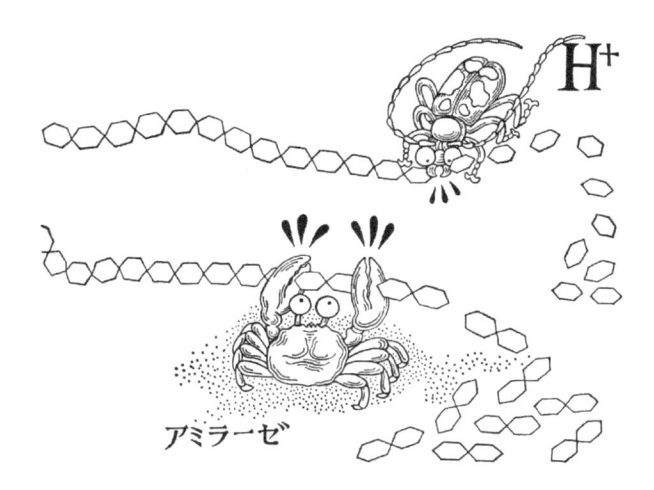

カミキリムシは一刀流，カニは二刀流

「なるほど」
「一君はやっぱり考えることが違うわ。私は単純だからそんなこと気づかなかったわ」
「それは，アミラーゼの分子が大きいからと思えばいいでしょう。アミラーゼのような酵素は，タンパク質の一種でかなり大きい分子です。その分子の構造の一部に，ちょうどマルトースをすっぽり包みこむような箇所があって，デンプンの長い鎖を，2個のグルコース単位ずつに切っていく。それでマルトースにまで分解できる。
　一方，酸の中で働くのはH^+です。実際にはH_3O^+（オキソニウムイオン）でしょうけど。これは水分子くらいの大きさで，グルコースとグルコースの間の$-O-$のつながりに楽に入っていけます。だから，すべての$-O-$を切ってしまうと思えばよ

いでしょう。

いわばアミラーゼは二刀流のカニで、二つのハサミの間がちょうどマルトースの大きさなので、マルトース単位で切っていく。それに対してH^+は一刀流のカミキリムシで、一つ一つ切っていく、とイメージしてください」

「あ、すると、切られるほうの責任ではなく、切るほうの事情なんですね。では、高分子化合物は、適当な酵素があれば、みんな加水分解できるのですか?」

「それはちょっと待ってください。縮合重合でない重合があるのです」

おじさん博士は、そう言いながら机の引き出しから、透明な袋を取り出しました。

II-8 高分子化合物のでき方——重合反応

◆ 重合体と単量体

「これは、おなじみのポリエチレンの袋です。ポリエチレンについてはあとで詳しくお話しするつもりですが、今は化学式だけ考えてみます。

ポリエチレンの化学式は、デンプンの$(C_6H_{10}O_5)_n$やゴムの$(C_5H_8)_n$と同じように$(C_2H_4)_n$です。nは数百、数千という大きな数で、ポリエチレンも高分子化合物(ポリマー)ということですね。

( )の中の$C_6H_{10}O_5$やC_5H_8などは、単位となる分子で、単量体(モノマー)といいますが、これを比べてみましょう。

どうです、どこか違うでしょう?」

「えーと、あ、デンプンはグルコースから水分子が取れて重合

II　有機化合物を調べる手順

重合体（ポリマー）	単量体（モノマー）
デンプン　　$(C_6H_{10}O_5)_n$	グルコース　　$C_6H_{12}O_6$
ポリエチレン　$(C_2H_4)_n$	エチレン　　　C_2H_4

しているけれど，ポリエチレンは（　）の中と単量体が同じ式ですよ」

「そうですね。エチレンからポリエチレンができるときは水分子が取れていない。つまり縮合重合ではありません。

　このように，何も取れずに単量体が重合して大きな分子になることを，付加重合といいます」

◆ 熱すると分解する理由

「あっ，わかった。そしたらポリエチレンをエチレンに戻す反応は，加水分解ではないということですね」

「そうです。その場合はただの"分解"です。といっても簡単には分解しません。

　酸素の製法として，塩素酸カリウム $KClO_3$ の分解反応を習ったでしょう？　$2KClO_3 \rightarrow 2KCl + 3O_2$ という式でしたね。

　この分解反応は，酸化マンガン（Ⅳ）（二酸化マンガン）MnO_2 を触媒として使うと，わりあい低い温度，つまり試験管に入れてちょっと熱する程度で分解します。しかし触媒なしでも，もっと高い温度に熱すれば分解します。熱することも分解の一手段で，熱分解といいます。

　熱というのは分子の運動のエネルギーのことです。だから熱するとは，分子の運動を活発にすることです。少し乱暴な言い方ですが，大きな分子を振り回して，その一部をちぎってしまうのが熱分解です」

「触媒による分解は,カニがハサミでちょんぎるのでしたね」
「カニのハサミならいつも同じ大きさに切れますが,振りちぎる場合は,大きさがまちまちにちぎれるでしょう。

　重油のような大きい石油分子を熱分解して,ガソリンのような小さい分子を作る方法があります。クラッキング（接触分解）といいますが,このときにも,切れてできる小さい分子は1種類ではなく,水素やエチレン,プロペン（プロピレン）,ペンテンなど何種類にもなるのです」

II-9 生ゴムは$(C_5H_8)_n$だと言えるか？

◆ ゴムの単量体

「ここで話をゴムに戻しましょう。

　先に言いましたように,ゴムも$(C_5H_8)_n$という式で表される高分子化合物です。そして,これは縮合重合ではなく付加重合によってできます。したがってその単量体は（　）の中と同じC_5H_8という化学式の物質ということになります。これはイソプレンという物質です」
「では,ゴムを熱分解すると,イソプレンになるのですね」
「そうです。ただし今言ったように,熱分解ではイソプレンだけができるわけではありません。

　空気を断って熱することを乾留といいます。一種の熱分解ですね。木材を乾留するとガスが出て木炭が残ります。石炭を乾留しても,コークスとコールタールとガスになります。

　ゴムも乾留すると,やはりガスが出てきて,後に炭が少し残ります。捕集したガスを冷やすと,その一部がイソプレンとみられる液体になります。

私たちが実験室でゴムを乾留した結果では，液体は，条件によって違いますが，ゴム質量の5〜20%得られました」

◆ イソプレンの性質
　そこで，おじさん博士は薬品戸棚から，褐色の小さい試薬瓶を持ってきました。そして，一君の手のひらに瓶から数滴の無色の液体をたらしました。一君はそれを鼻に近づけました。
「ガソリンの臭いに似てますが，ちょっと強い臭いですね」
「あら，私にもかがせて」と理恵さんが鼻を出したときは，一君の手のひらは，もうほとんど乾いてしまっていました。
「とても蒸発しやすい物質ですね」
「そう，沸点が34℃ですから，人間の体温で沸騰します」
「これがイソプレンなんですか？」
「そうです。これがC_5H_8という化学式で表される純イソプレンです」
「これがゴムを乾留すると得られるんですね？」
「いえ，乾留して出てくるのは，こんなに純粋ではありません。これは何回も蒸留して純粋にしたものです」
「逆に，これからゴムを作ることができるのですか？」
「ええ，ゴムになります。乾留して出てきたイソプレンが，すぐまたゴム状になってしまうこともあります。
　しかしイソプレンからゴムを作るとなると，それはまた別のむずかしい問題になります。でも，ゴムがイソプレンの重合によってできたものであることを証明するには，イソプレンからゴムを作れるかどうか試してみなくてはなりませんね」
「ゴムを分解するとイソプレンが出る。反対にイソプレンを重合させるとゴムができる。この両方が必要なわけですね」

◆ C_5H_8 であることを確かめる

「そうです。ただしここで一つ確認しておく必要があります。

 私は、この無色で揮発性のある液体が、ゴムを乾留して出てきた液体をさらに精製したイソプレンだと言いました。そして前の話では、ゴムは$(C_5H_8)_n$と表される高分子化合物で、C_5H_8が単量体のイソプレンだと言いました。あなた方はその話を信用してくれましたが……」

「あっ、そういえば、乾留で得たこの液体がC_5H_8であるかどうかは、まだ確かめていませんよ」

「そのとおり。乾留によって出てきたこの揮発性の液体が、C_5H_8であることを確かめなくてはなりません。この液体の元素分析をする必要があります。

 方法は生ゴムのときと同じです。そこで、ここでは、その組成式（実験式）はC_5H_8とわかったものとしてください。あとは分子量を測定しましょう」

◆ 炭化水素の分子量を測定する

「あ、それは気体になりやすい物質ですから、気体の状態方程式（37ページ）を利用したり、酸素に対する比重を求めたりすればわかりますね」

「そうです。しかし、このようにCとHだけからできている化合物は、もっと簡単な方法で調べられますよ。水の組成を調べる実験で、ユージオメーターを使いませんでしたか？」

「はい。水は水素2と酸素1の体積比で化合しているということを示す実験で使いました」

「34℃以上で気体になった乾留液（組成式がC_5H_8）をユージオメーターに入れ、その体積を読みます。AmLあったとします。それに十分な量の酸素を混ぜて体積を量ります。これがBmL

Ⅱ　有機化合物を調べる手順

あったとします。

　そこに電気火花をとばして燃焼させると，水ができて体積がへります。このときの残った気体の体積をCmLとします。

　次にその気体を水酸化ナトリウムの入ったガスピペットに導いて，中の二酸化炭素を吸収させ，また元に戻して体積を量るとへっています。このときの体積をDmLとすると，$(C-D)$ mLが二酸化炭素の体積ということになりますね。

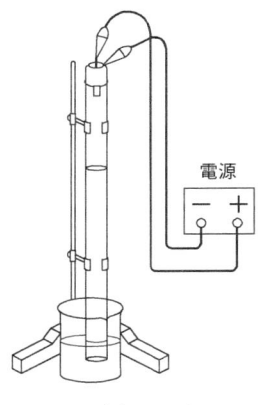

ユージオメーター

　この実験中には，気体の体積が変動しないように室温を一定に保つか，室温が変化したなら補正する必要があります。

　ここで，はじめの体積AmLと$(C-D)$ mLを比べればいいのです」

「！?」

◆ **分子量を求める必要はない!?**

「いいですか，もし乾留液の分子式をC_5H_8と仮定すると，その燃える反応式は$C_5H_8 + 7O_2 \rightarrow 5CO_2 + 4H_2O$になります。1molから$CO_2$が5molができますね。だから$5A = (C-D)$のはずです。気体の1molは何でも0℃，1気圧（1013hPa）に換算すれば22.4Lですから」

「うーんと，そうですね」

「もし乾留液の分子式が$C_{10}H_{16}$なら，その燃える反応式は$C_{10}H_{16} + 14O_2 \rightarrow 10CO_2 + 8H_2O$ですから，$10A = (C-D)$の

はずでしょう」
「あ,そうか。それで実験の A と $(C-D)$ の比を見ればわかるわけですね」
「これなら,分子量を求めなくてもいいことになります」
「なるほど」
「こうして乾留液の分子式を求めてみると,C_5H_8 だとわかりました。これがイソプレンです」
「それで,めでたしめでたしですね。ゴムはイソプレンの重合体であることの証明が,半分できたことになりましたね」
「そう,あとは C_5H_8 からゴムを作ることです。さあ,C_5H_8 をもっとよく理解するためには,一君が面倒くさいと言ったアルカンだのアルケンだのという,有機化学の初歩に入らなければなりません」
「はい,もう面倒とは言いません」
「それはよかった。C_5H_8 のように C と H だけからできている化合物は何十万もあり,このグループを炭化水素と呼びます。そこで,炭化水素を少し系統的に勉強しましょう」
「はーい,お願いします」

III 炭化水素という化合物集団

III-1 CとHだけで化合物がたくさんできる

◆2種類の元素だけからなる物質

「CとHの化合物だけで,何十万もあるんですか？」

「そうですよ」

「考えられませんね。だって,今まで習った2種類の元素でできる化合物って,せいぜい2～3種類だったでしょう。HとOの化合物 H_2O と H_2O_2（過酸化水素）の二つでしょう。CとOは CO と CO_2, 硫黄 S と O も SO_2（二酸化硫黄）と SO_3（三酸化硫黄）ですね。三つもあるというと……」

「窒素 N と酸素 O の化合物よ。N_2O（一酸化二窒素）, NO（一酸化窒素）, NO_2（二酸化窒素）とあるでしょう」

「あ,そうだね。鉄 Fe と酸素 O も三つある。FeO（酸化鉄(II)）と Fe_2O_3（酸化鉄(III)）と Fe_3O_4（四酸化三鉄）だ」

「4種類ある元素の組み合わせって,あるかしら？」

「NとOの化合物はもう少し多いけど,これで調べてごらんなさい」そう言って,おじさん博士は『化学恒数表』という本を二人に見せました。

◆2種類元素の組み合わせを探す

「この『重要無機化合物性質表』に,約 1000 の化合物が出て

います。もちろん、これでもすべてではありませんが、とりあえず、この中でCとH以外の2種類の元素からなる化合物で、その種類がたくさんあるものを探してみましょう」

そこで一君と理恵さんは肩を並べてページをめくり、やがて4種類あるものと6種類ある化合物を、それぞれ1組みつけました。

　　　4種類あるもの：MnO　Mn_2O_3　Mn_3O_4　MnO_2
　　　6種類あるもの：N_2O　NO　N_2O_3　NO_2　N_2O_4　N_2O_5

です。

「マンガンMnとOの化合物が4種類、NとOの化合物が6種類もあるなんてびっくりしました。でも、やはり2種類か3種類までの化合物がほとんどですね。だからCとHの化合物だけ何十万とあるなんて、どう考えても不思議です」

「では、その理由を考えていきましょう。これは、何よりもC原子の構造に原因があるのです。ということで、C原子の身体検査から始めましょう」

Ⅲ-2　C原子の構造の秘密

◆ 原子構造のボーア・モデル

「原子というのは、原子核と、そのまわりを回っている電子とからできていることは習いましたね。原子の種類を区別するのは原子核の中の陽子の数。それは電子の数と等しい。この数が、原子番号という原子の"背番号"でしたね。

C原子は背番号6ですから、原子核の中に陽子が6個あり、原子核のまわりを6個の電子が回っていることになります。

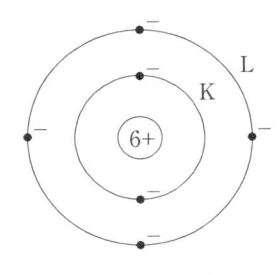

Ⅲ　炭化水素という化合物集団

ボーアの原子模型

Ⅲ〜1図　ニールス・ボーア(1885〜1962年)とその炭素原子模型

　1922年にノーベル物理学賞を受賞したデンマークのボーアは，1913年に原子模型を提唱しています。

　それによるとC原子の6個の電子のうち，2個は内側の軌道を回り，4個は外側の軌道を回っています（Ⅲ〜1図）。この外側の4個の電子が，化学反応にかかわる電子で，価電子といいます。価電子が4個ですから"炭素の原子価は4である"といちおううまく説明できます。

　しかしこれでは原子の構造は平面的で，空間の中ではどうなっているかわかりません。それでさらに研究されて，電子は，太陽系の惑星のように円周上を回るのではなく，芯（原子核）を包む皮のように存在して回ることがわかりました」

◆ 電子軌道の複雑な構造

「この皮（殻）が原子核のまわりに幾重にもあって，内側からK殻，L殻，M殻，……と名づけられました。たとえばC原子ではK殻に2個，L殻に4個の電子があるということになります。

では、なぜ電子はK殻には2個なのか？　3個あるいは4個入れないのか？　ということになりますね。というわけで、さらにくわしく調べてみると、電子殻はもっと複雑な構造であることがわかりました。

　K殻には軌道が1個しかないのに、L殻は4個、さらにM殻は9個と、原子核からの順番をnとすると、そこにはn^2個の軌道があったのです。

　じつは電子には右回りと左回りの二つの状態があり、一つの軌道には、その1組しか入れません。たとえばK殻にまず一つだけ電子が入ったのがH原子。右回りと左回りのカップル、つまり2個の電子が入ったのがヘリウム原子Heです。これでK殻は満員ですから、電子3個のリチウムLiでは、さらに外側のL殻に1個の電子ということになります。

　これを模型的に描くとⅢ〜2図のようになります。

　原子核からの高さ（エネルギーの高さ）をタテ軸にとります。○が一つの電子軌道を表します。＜・＞が電子で、＜・＞のない○は空席の軌道です」

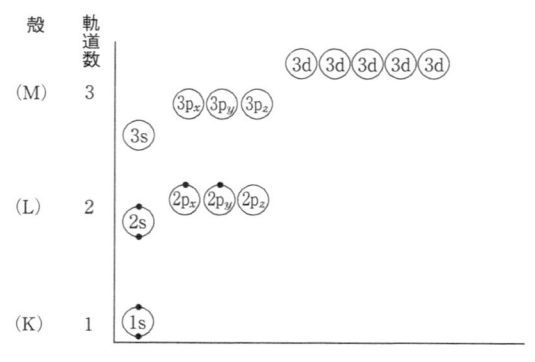

Ⅲ〜2図　炭素原子の電子軌道モデル

「あ、そうすると、C原子のL殻には、$2p_x$と$2p_y$、$2p_z$の軌道に、まだ4個の電子が入れるということですね」

「そうです。L殻のすべての軌道に電子が入ったのが、原子番号10のネオンNeです。11番のナトリウムNaでは、さらにM殻の3s軌道に電子が一つ入っているわけです。

原子核から数えて1番目のK殻には1s軌道だけ、2番目のL殻には2s、$2p_x$、$2p_y$、$2p_z$と4個の軌道があることになります。M殻になると、さらにd軌道がありますが、炭素原子には関係ないので、今は触れません」

「ここまででも、十分に複雑ですもんね!」

◆ 原子どうしの結びつきの様子

「ところでK殻の軌道は一つですから、それは球形軌道と考えていいでしょう。ところが、たとえばL殻には4個の軌道があるので、みんな球形なら重なってしまって区別できません。それで、4個のうち1個が球形、他の3個は、数学でおなじみの座標を使えばx、y、zの3方向に長く伸びた、ダンベル形の軌道ということがわかりました。

この球形の軌道をs軌道、ダンベル形の軌道のことをp軌道というのです。」

「あ、なるほど。一度習ったことがあるけど、よくわかりませんでした。今、やっとわかりましたよ」

「ははは、復習の甲斐がありましたね。では復習の続きに、そういう構造の原子の結びつきを考えましょう。

原子どうしの結びつき方には、大別してイオン結合、共有結合、金属結合の三つがあることは習いましたね。今、お話ししているC原子は共有結合ですから、共有結合について考えていきましょう。

共有結合は，両方の原子から電子を出し合って，対（カップル）の電子を共有します。この対というのは右回り，左回りの電子のカップルで，一つの電子軌道の上に安定して入ります。

　わかりやすいように，いちばん簡単な構造のH原子がH_2分子へと結合するところから考えてみましょう。

　Ⅲ〜3図①を見てください。これがH原子の電子配置です。1s軌道に電子が1個あるだけで，他の軌道はカラです。実際にはさらに右のほうに3s軌道，3p軌道，……とあるのですが，今は2p軌道までで，ほかは省略しています。

　さて，そういうHとHが出会うと，1s軌道の電子を共有してH_2分子に結合するわけです。これを同図②のように表してみましょう。 :::::: で囲んだ部分で共有結合しています。

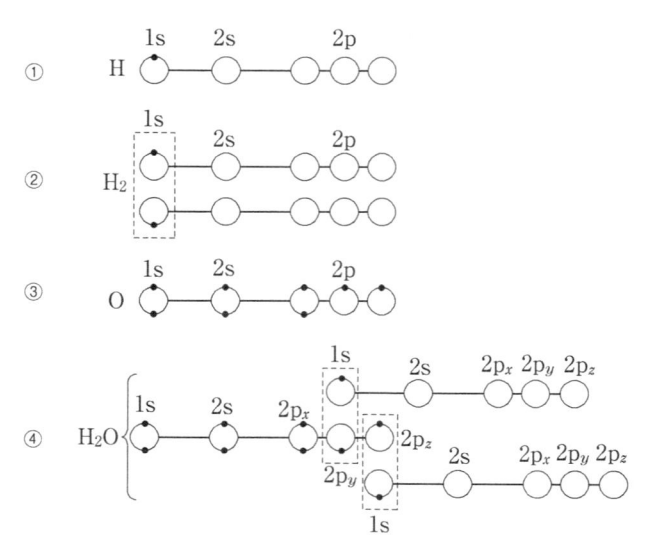

Ⅲ〜3図　電子配置（その1）

III　炭化水素という化合物集団

次に酸素を考えてみます。同図③が単独のO原子の電子配置です。2p軌道に相棒のない電子が2個あります。このOとHが同図④のように結びついて，H_2Oになるのです」
「あ，なるほど」
「二つのH原子のうち，一方がOの原子核より遠いということですか？」
「いやいや，模型図にするとそう見えてしまいますが，そうではありません。2p軌道はx, y, zの3方向に伸びていますが，原子核からは同じ"高さ"にあるはずですね。図では1列に描いてありますが，立体的に考えれば，3個の2p軌道の○は同じ"高さ"なのです」
「ああ，そうでした」

◆ 結びつきの強弱
「では，いよいよC原子へいきましょう。
　C原子では2p軌道に電子が2個あるだけですね（次ページIII～3図⑤）。だからこの図だけで考えると，C原子の価電子は2個で，同図③のO原子と似ています。だから2本の手で化合すると考えるのです。つまりH原子と化合したら，同図⑥のように，CH_2という分子を作るはずではないかと」
「えーと，そういえばそうですね」
「CH_2という分子は，あることはあるのですが，不安定で，"これがCH_2だ"と言えるほどたくさんはできません」
「どうしてですか？」
「それは，同じ"高さ"にある$2p_z$軌道が空っぽで，そちらが電子を引っ張るからと思えばよいでしょう。
　C原子は，単独でいるときはともかく，他の原子と化合するときは，4個の電子を2s軌道と2p軌道で仲よく分けあってい

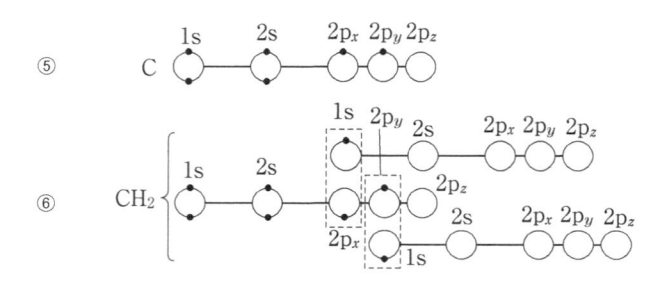

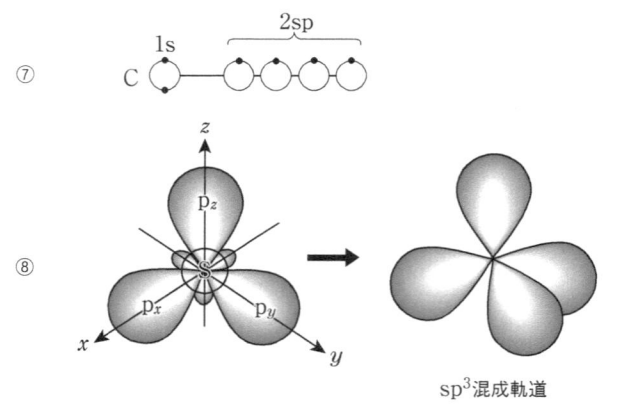

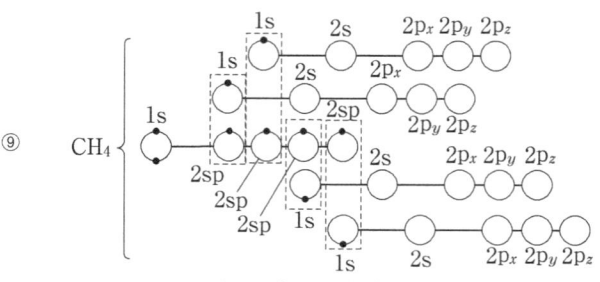

⑤ C 1s 2s 2p$_x$ 2p$_y$ 2p$_z$

⑥ CH$_2$ { 1s 2s 2p$_x$ 2p$_y$ 2p$_z$; 1s 2s 2p$_x$ 2p$_y$ 2p$_z$ }

⑦ C 1s 2sp

⑧ sp^{3}混成軌道

⑨ CH$_4$

Ⅲ～3図 電子配置（その2）

ます（Ⅲ～3図⑦）」
「それはどういうことですか？」

◆ 電子軌道が伸びる方向
「えーと，こんな具合に描いてみましょう（同図⑧）。

2s軌道は球形ですから，原子核を中心にした位置にある。それに対して2p軌道は，原子核を原点としてx, y, zの3方向へダンベル形に伸びています（同図⑧左）。それが同図⑧右のように，s軌道も形を変えて3個のp軌道とともに，4個の細長い軌道になるわけです。これをsp^3混成軌道といいます」
「x, y, zの3方向ではなく，もっと広がるのですね？」
「ええ，正四面体の4つの頂点方向に伸びるのです。このことは，C化合物を考えるうえでとても大切なことです。

さあ，こうなって化合するとなると，価電子は4個です。Hと化合するとCH_4となるはずですね。つまりⅢ～3図⑨のような結びつきです」
「わあ，ややこしい」
「これが，有機化合物の中でもっとも小さい安定な分子，メタンCH_4です」

◆ 分子構造の広がり方
「では次に分子の形を考えてみましょう。まずH_2O。58ページのⅢ～3図④をもう一度見てください。O原子の3個のp軌道のうちの2個（p_yとp_z）に，H原子が1個ずつ結びついています。

このp軌道はx, y, zの3次元方向に伸びているから，立体的に見ると，3本は互いに角度90°で空間に伸びているはずですね。すると，その二つにHが結びついたH－O－Hの角度は，

90°のはずでしょう？」

「そうですね」

「ところが実測すると104.5°なんです（Ⅲ～4図①）」

「どうしてそうなるのですか？」

「それは，H原子どうしが反発するために角度が広がる，と思えばよいでしょう。

　同じような化合物で二フッ化酸素OF_2の場合，F－O－Fの角度は103°です。H－O－Hの場合，Hは1個しかない電子をOの側に引っ張られて，Hの原子核は裸のようなものです。だから＋と＋の反発力が大きい。ところがフッ素Fの場合は，価電子の内側にはまだ電子があって，原子核は裸ではない。だから反発力も少し弱くて，角度も103°にとどまっていると考えたらよいと思います」

「なーるほど」

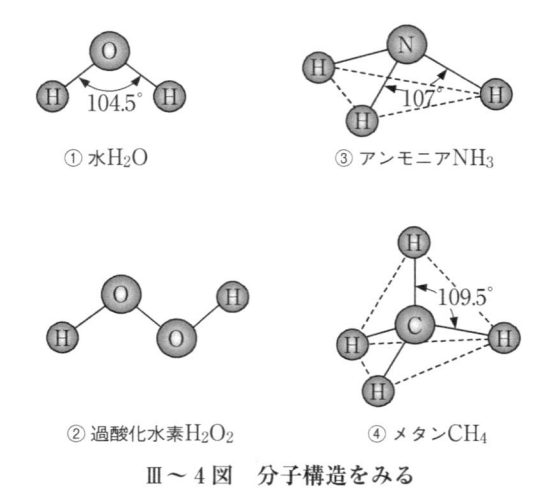

① 水H_2O

③ アンモニアNH_3

② 過酸化水素H_2O_2

④ メタンCH_4

Ⅲ～4図　分子構造をみる

Ⅲ　炭化水素という化合物集団

「次にHとOのもう一つの化合物 H_2O_2 を考えましょう（Ⅲ～4図②）。H－O－O－Hの，結合の手の互いの角度はどうなるでしょうか。

　HとHの反発力ではなく，HとOは引力ですから，H－O－Oの角度は，H_2O の 104.5° より小さくなると考えられますね。つまり H_2O_2 分子は内に引き合う力があって不安定です。ましてやOが3個並んだH－O－O－O－Hは，不安定すぎてすぐに壊れてしまう」

「うーん」

「では，結合の手が3本ある窒素Nの場合を考えてみましょう。同じく2p軌道の結合でアンモニア NH_3 です。

　この場合 x, y, z の3方向にHがつくから，H－N－Hの角度は 90° のはずですね。ところが，やはりHどうしの反発で広がって 107° になっています（同図③）。

　この場合も，－N－N－とつながることは不安定さを増します」

「何事も無理はいけないというわけですね」

◆ C原子の広がり方

「そうですよ。さて，いよいよC原子です。

　56 ページのⅢ～2図をもう一度見てください。

　O原子やN原子と違ってC原子は，L殻に電子が4個で 2s, $2p_x$, $2p_y$, $2p_z$ の4個の軌道の数と同じですね。それで，4個の電子を4個の軌道に平等に配分するという，OやNにはできない芸当ができて，4個のHが，空間にまったく平等に伸びることができるわけです（Ⅲ～4図④）。

　さあ，そうなるとCがもう1個つながっても，次ページで描くように，歪みはほとんどありません。

　さらにつながっても，事情はほとんど変わらない。というわ

$$\text{H}-\overset{\overset{\text{H}}{|}}{\text{C}}-\overset{\overset{\text{H}}{|}}{\text{C}}-\text{H} \qquad \text{H}-\overset{\overset{\text{H}}{|}}{\text{C}}-\overset{\overset{\text{H}}{|}}{\text{C}}-\overset{\overset{\text{H}}{|}}{\text{C}}-\text{H}$$

けで，C原子はいくつでもつながっていける。これがCとHの化合物がたくさんできる，大きな理由です」

「なーるほど」

「分子構造は，こうして紙の上に平面的に描いても，慣れないうちはわかりにくいでしょう。一君，できれば立体模型を作って，よくながめてごらんなさい」

「はい，家に帰ってやってみます！」

III-3 プロパンガスの仲間たち
——アルカン（メタン系炭化水素）

◆ メタンの構造

「もう一度，III〜4図④（62ページ）を見てください。メタン分子 CH_4 です。中心にC原子があり4本の手が平等に出て，その先にH原子が一つずつ結びついていますね。ちょうど正四面体の中心にC原子があって，4個の頂点にH原子がある形です。

あるいはIII〜5図①（67ページ）のように，サイコロ形の中心にC原子があって，隣り合わせではない四つの頂点にH原子があるとも説明できます。どちらでもわかりやすいほうで考えてください。

しかし紙の上では，いちいち立体的に図を描くのはたいへん

なので，右のように描きます。

　このような化学式を構造式といいます」

「描くのはこっちのほうが簡単でいいけど……」

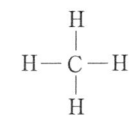

$$H-\overset{\overset{\displaystyle H}{|}}{\underset{\underset{\displaystyle H}{|}}{C}}-H$$

「ちなみに，メタンはいちばん簡単な形の有機化合物で，有機物が分解するところでは，どこでも発生します。

　たとえばドブや沼などの水底の泥をかきまぜると，ブクブクと泡が出てきますが，あの泡がメタンです。私たちのお腹の中で有機物が分解するときにもメタンは出ますから，お尻から出るガスにも入っています。といっても，メタンは無色無臭で，けっして黄色かったりくさかったりはしません。くさいのは別の成分のせいです」

「ウフフ」

「炭鉱の坑道で爆発事故をおこすのも，炭層から出るメタンか，石炭の微粉（炭塵）が空気中である濃度以上になったとき，何かの火によって爆発するのです。石炭を乾留して出る石炭ガスにはメタンがたくさん含まれるし，天然ガスの主成分もメタンで，都市ガスとして利用されています。

　このメタンは，完全に燃焼すれば $CH_4 + 2O_2 \rightarrow CO_2 + 2H_2O$ という反応で，二酸化炭素 CO_2 と水 H_2O になります。

　メタンは安定した物質で，あまり化学反応はしないのですが，塩素 Cl_2 のような反応しやすい物質とは反応します。

$$CH_4 + Cl_2 \xrightarrow{紫外線} CH_3Cl + HCl$$
$$CH_3Cl + Cl_2 \xrightarrow{紫外線} CH_2Cl_2 + HCl$$
$$CH_2Cl_2 + Cl_2 \xrightarrow{紫外線} CHCl_3 + HCl$$
$$CHCl_3 + Cl_2 \xrightarrow{紫外線} CCl_4 + HCl$$

このように H が次々と Cl に置換されるのです」

◆ C 原子が 2 〜 4 個の炭化水素

「ではメタンに次いで簡単な炭化水素をいくつか見ていきましょう。Ⅲ〜5 図を見てください。

まず C 原子が 2 個で H 原子が 6 個ついているエタン C_2H_6 です（同図②）。

その次がプロパン C_3H_8 です（同図③）。家庭でも使っているプロパンガスの主成分です。

その次はブタンといいます。分子式では C_4H_{10} ですが，構造式で描くと 2 種類あります。炭素原子が 1 本の鎖のようにつながっているのがブタン（ノルマルブタン：n-ブタン），枝分かれしているのを 2-メチルプロパン（イソブタン：i-ブタン）といいます」

「どちらも化学式は C_4H_{10} なんですね」

「そうなのですが，たとえば沸点がブタンは $-0.5℃$，イソブタンは $-11.7℃$ というように，両者は性質が違います。このように分子式は同じでも，性質が異なる物質を互いに異性体といいます」

「あはは，身体の構造が違うから"異性体"か」

「変なこと言わないでよ，一君。ところでプロパンには異性体はないんですか？」

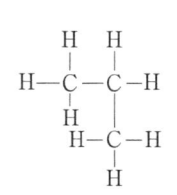

「構造式で考えてごらんなさい」

「えーと，枝が出てるんでしょう。こういうのを，先ほどのイソブタンにならって"イソプロパン"といえませんか？」

```
    H   H
    |   |
H - C - C - H
    |   |
    H   |
        C - H
    H - |
        H
```

「なるほど，平面に描くと，いかに

III 炭化水素という化合物集団

①メタン CH_4

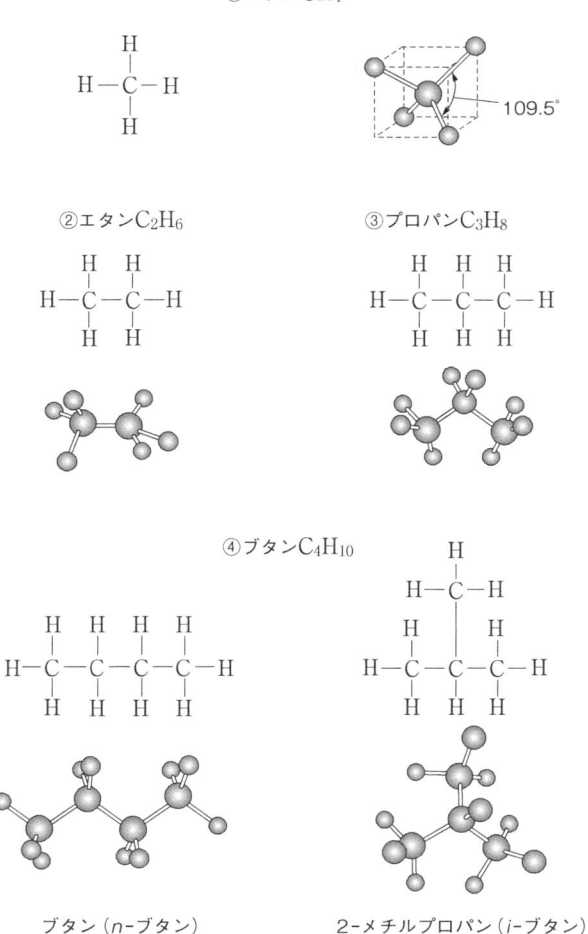

109.5°

②エタン C_2H_6

③プロパン C_3H_8

④ブタン C_4H_{10}

ブタン（*n*-ブタン）　　　　　　2-メチルプロパン（*i*-ブタン）

III〜5図　簡単な炭化水素の構造

も枝があるようですね。だけどⅢ〜5図③の右をよく見てごらんなさい。真ん中のC原子のどの手に3番目のC原子をつけても，分子の向きが違うだけで，結局，同じ形でしょう」
「うーん……と，そう……ですね」

◆ たくさんある異性体
「では，C原子が4個以上になると，異性体が二つあるんですか？」
「いえいえ二つとは限りません。C原子が多くなるにしたがって異性体も多くなります。C_5H_{12}のペンタンには三つ，C_6H_{14}のヘキサンには5種類とふえて，$C_{10}H_{22}$のデカンにいたっては75もあります」
「75も！」
「まだ驚いてはいけません。$C_{20}H_{42}$のエイコサンには，なんと36万6319もの異性体があるのです」
「ウヘッ，36万！」
「有機化合物は，成分元素が少なくても，いかにたくさんあるかわかったでしょう？」
「エイコサンだけで36万人か。日本中の英子さんや栄子さんもそれくらいいますかね？」
「ははは。それはともかく，ペンタンの三つの異性体の構造式を描いてごらんなさい。炭素の骨組みだけでよいですから」
　というわけで，しばらくの間二人はノートに向かっていましたが，理恵さんが大発見でもしたような声をあげました。
「あれ，三つだけじゃありませんよ！」
「どれどれ……うーん，残念ながら，この二つは同じものです」

```
      |
     -C-
    | | |
  -C-C-C-              -C-C-C-C-
    | | |                | | | |
     -C-                   -C-
      |                     |
```

「え！　どうして？」
「さっきのように（67ページⅢ～5図）立体図で考えてごらんなさい」
「え？　……あ，そうか」
——ということで，二人はやっと，次の三つだろうという結論を出しました。

```
   | | | | |
  -C-C-C-C-C-            ペンタン
   | | | | |             (ノルマルペンタン)
```

```
   | | | |
  -C-C-C-C-              2-メチルブタン
   | | | |               (イソペンタン)
    -C-
     |
```

```
      |
     -C-
    | | |
  -C-C-C-                2,2-ジメチルプロパン
    | | |                (ネオペンタン)
     -C-
      |
```

炭素数が5の場合に考えられる異性体

そして，また理恵さんが声をあげました。
「あれ，ゴム分子のイソプレンはC原子が5個で，このペンタンの仲間でしょう。どうしてC_5H_8なの？　C_5H_{12}のはずで

しょう！」
「ええ，理恵さんがそう思うのも無理ありませんね。たしかにペンタンもイソプレンもC原子は同じ5個です。しかしH原子の数は違うのです」
「でも，それではどのようにつながるのですか？」
「イソプレンの構造式はまだおあずけ。先にペンタンのグループをまとめてしまいましょう」

◆ 炭化水素の一般式

「今までに出たメタン，エタン，プロパン，ブタン，ペンタンの分子式をよく見てください。C原子の数をnとすると，H原子の数は$2n + 2$ですね。つまり分子式を一般式で書くとC_nH_{2n+2}となります」
「あ，そうですね」
「構造式でもそれが確認できますよ。どれも1個のC原子の上下にH原子が2個ずつあり，そして鎖の両端にもH原子が2個ある。つまりH原子は$2n + 2$個でしょう」
「あ，たしかにそうなります」
「このような仲間をアルカンとかメタン系炭化水素，パラフィン系炭化水素，あるいは鎖式飽和炭化水素といいます。メタンはいちばんC原子が少ない化合物です。

そしてⅢ～1表を見てください。メタンからブタンまでは常温常圧で気体ですが，ペンタンからは液体，そしてC_{17}からは固体です。液体のものは石油の成分として入っています。固体成分も石油からとれるパラフィン・ワックスです。そこでCが多いことに注目すれば，パラフィン系というわけです。

それから，次に述べるアルケンのグループと比べればよくわかりますが，アルカンでは，C原子の4本の結合の手のうちの

名　　称	分子式	融点（℃）	沸点（℃）	常温常圧での状態
メ　タ　ン	CH_4	-182.7	-161.6	気体
エ　タ　ン	C_2H_6	-172	-88.5	
プ　ロ　パ　ン	C_3H_8	-187.7	-42.1	
ブ　タ　ン	C_4H_{10}	-135	-0.5	
ペ　ン　タ　ン	C_5H_{12}	-129.7	36.1	液体
ヘ　キ　サ　ン	C_6H_{14}	-95.3	68.8	
ヘ　プ　タ　ン	C_7H_{16}	-90.6	98.4	
オ　ク　タ　ン	C_8H_{18}	-57	125.7	
ノ　ナ　ン	C_9H_{20}	-53.5	150.8	
デ　カ　ン	$C_{10}H_{22}$	-29.7	174	
⋮	⋮	⋮	⋮	
ペンタデカン	$C_{15}H_{32}$	9.9	270.6	
ヘキサデカン	$C_{16}H_{34}$	18.1	286.8	
ヘプタデカン	$C_{17}H_{36}$	21.98	303	固体
オクタデカン	$C_{18}H_{38}$	28	317	
⋮	⋮	⋮	⋮	

Ⅲ～1表　アルカン C_nH_{2n+2}
（ブタン以下はすべて直鎖状のものについての値）

1本が，隣のC原子の手の1本とつながって，ほかは全部H原子に結びついている。それで鎖式飽和炭化水素というのです」
「うーん。ちょっとわかりにくいです」
「そうですか。それなら次のグループを先に考えてみましょう。そうすればよくわかります」

III-4 ポリエチレンの原料は気体
——アルケン(エチレン系炭化水素)

◆ 二重結合を持つ炭化水素

「エチレン C_2H_4 は,同じく C 原子が 2 個ある炭化水素のエタン C_2H_6 と比べるとよいですね。ただしエチレンは,エタンより H 原子が 2 個少ない。そこで C 原子 2 個は左上図のように結びつくしかない。

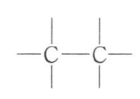

```
    |   |
  — C — C —
    |   |
```

とすると,C 原子の結合の手が遊ばないためには,H 原子は 6 個必要ですね。めでたく 6 個あれば,H が飽和したエタンです。ところがエチレンは H 原子が 2 個足りない不飽和です。仕方ないので,左下図のように,二つの C 原子がともに 2 本の手で結合しています。こういう結びつき方を二重結合といいます」

```
    H   H
    |   |
  H—C = C—H
```

「4 本の手のうちの 2 本が並ぶような結合が,実際にあるのですね?」

「あります。ちなみに二重結合は,無理な結合なので切れやすく,それだけ他のものと反応しやすいのです」

「"不飽和"のほうが反応しやすいなんて,人間と同じですね。お腹が空いているときのほうが食欲ありますよ」

「あはは,たしかに欲求不満があると攻撃的になりますね。ただし炭化水素の二重結合は,人間みたいに気まぐれではなく,いつも同じ反応をします。

たとえば,臭素 Br_2 を水に溶かした薄黄色い臭素水にエチレン C_2H_4 を吹き込むと色が消えます。これは Br_2 が C_2H_4 と反

III 炭化水素という化合物集団

応して1,2-ジブロモエタンができるからです。

$$\underset{\text{エチレン}}{H-\underset{|}{\overset{H}{C}}=\underset{|}{\overset{H}{C}}-H} + \underset{\text{臭素}}{Br_2} \longrightarrow \underset{\text{1,2-ジブロモエタン}}{H-\underset{|}{\overset{H}{\underset{Br}{C}}}-\underset{|}{\overset{H}{\underset{Br}{C}}}-H}$$

黄色い色は臭素分子 Br_2 の色だったのですね」

◆ エチレンなのか? エタンなのか?

「あれ,おかしいですね」
「どうかしましたか?」
「エチレンに臭素がついたのに,どうしてジブロモエチレンではなくて,1,2-ジブロモエタンというのですか?」
「なるほど,たしかに二臭化エチレンという慣用名もありますから,不思議かもしれませんね。

じつはエタンに臭素を働かせると,

$$H-\underset{|}{\overset{H}{\underset{H}{C}}}-\underset{|}{\overset{H}{\underset{H}{C}}}-H + Br_2 \longrightarrow H-\underset{|}{\overset{H}{\underset{H}{C}}}-\underset{|}{\overset{H}{\underset{Br}{C}}}-H + HBr$$

となります。そして,さらに反応が進み,

$$H-\underset{|}{\overset{H}{\underset{H}{C}}}-\underset{|}{\overset{H}{\underset{Br}{C}}}-H + Br_2 \longrightarrow H-\underset{|}{\overset{H}{\underset{Br}{C}}}-\underset{|}{\overset{H}{\underset{Br}{C}}}-H + HBr$$

というように,やはり1,2-ジブロモエタンができます。

こういう場合は,飽和炭化水素のほうを主に呼ぶ約束です。それで1,2-ジブロモエタンなのです。有機化合物の命名法につ

いては，あと（Ⅳ章）できちんとお話ししますよ」
「ああ，お願いします！」

◆ 置き換わる反応・付け加わる反応

「さて，エタン C_2H_6 とエチレン C_2H_4 はどちらも，臭素 Br_2 と反応すると最終的に1,2-ジブロモエタンができます。もう一度，並べて書いてみますよ。

$$\underset{\text{エタン}}{H_3C-CH_3} + \underset{\text{臭素}}{Br_2} \xrightarrow{\text{紫外線}} \underset{\text{ブロモエタン}}{H_3C-CH_2Br} + \underset{\text{臭化水素}}{HBr}$$

$$H_3C-CH_2Br + Br_2 \xrightarrow{\text{紫外線}} H_3C-CHBr_2 + HBr$$

$$\underset{\text{エチレン}}{H_2C=CH_2} + Br_2 \longrightarrow \underset{1,2\text{-ジブロモエタン}}{BrH_2C-CH_2Br}$$

反応が違うのがわかりますか？」
「あ，エタンの反応では，HBrというのが出て来てます！」
「そう。飽和炭化水素の場合は，HとBrが入れ替わって，はずれたHと別のBrが結びついて，HBr（臭化水素）を作ります。こういう反応を置換反応といいます。メタンのとき（65ページ）も出てきた反応です。

そしてエチレンのほうは，二重結合の1本が開いて，そこにそれぞれBrがついていますね。エタンのように出るものはあ

III 炭化水素という化合物集団

りません。こういう反応は付加反応といいます」
「どちらの反応のほうが起こりやすいんですか?」
「理恵さん,そりゃあ付加反応に決まってるさ。だって,不飽和で餓えてる人のところへ何かを持っていけば,すぐとびついてくるよ。だけど飽和している人の持っているものを取り替えるとなると手間暇かかるよ」
「あら私なら,いらないものを持っていて,欲しいものと交換してくれると言われたら,喜んで交換するわよ」
「まあまあ,二人ともあまり化合物と人間を同じに考えないでください。しかし,たしかに一般的には不飽和化合物のほうが反応しやすいのです。先ほど,臭素水にエチレンを吹き込むと,すぐ脱色すると言いましたが,エタンを吹き込んでも,紫外線をあてないかぎり,すぐには変化を起こしません」
「エヘン!」
「何よ,そんなに上を向かなくたって,一君の鼻の穴は初めから天井を向いてるわよ」

◆ おきやすい反応・おきにくい反応

「そんなことより,おじさま,ブロモエタンに,もう一度 Br_2 を働かせたとき,

$$H-\underset{H}{\overset{H}{C}}-\underset{Br}{\overset{H}{C}}-H + Br_2 \longrightarrow H-\underset{H}{\overset{H}{C}}-\underset{Br}{\overset{H}{C}}-Br + HBr$$

という置換反応がおきて,別の形のジブロモエタンにはならないのですか?」
「それはよいところに気がつきましたね。こちらは 1,1-ジブロモエタンです。反応の条件によっては,こちらができるでしょ

う。しかしふつうは，BrとBrが反発して同じCにはつきにくいので，なかなかできません」
「えーと。それに関連して質問があります。

もう一つ前のエチレンに臭素を働かせたときには，

$$\underset{H}{\overset{H}{H-C}}=\underset{H}{\overset{H}{C-H}} + Br_2 \longrightarrow \underset{Br}{\overset{H}{H-C}}-\underset{Br}{\overset{H}{C-H}}$$

という付加反応が起こって1,2-ジブロモエタンができると言われましたが，それよりも，

$$\underset{H}{\overset{H}{H-C}}=\underset{H}{\overset{H}{C-H}} + 2Br_2 \longrightarrow \underset{Br}{\overset{H}{H-C-Br}} + \underset{Br}{\overset{H}{H-C-Br}}$$

というように，二つのジブロモメタンができるのではありませんか？」
「なるほど，一君はどうしてそうなると考えるのですか？」
「エチレン C_2H_4 の分子模型は，こんな形（Ⅲ〜6図①）と思っていいですか？」
「まあ，いいでしょう」
「このエチレン C_2H_4 に臭素 Br_2 がぶつかって反応するわけですよね。その場合，C_2H_4 分子と Br_2 分子が平行にぶつかれば，二重結合の1本が切れて，そこに Br が1個ずつついて1,2-ジブロモエタンになるでしょう（同図②（a））。

けれども，直角にぶつかった場合には，二重結合がいっぺんに切れて，ジブロモメタンと，あぶれた手の破片ができる（同（b））。そして，この破片が別の Br_2 と出会ってジブロモメタンになるということはありませんか？」

① エチレン C₂H₄　　臭素 Br₂

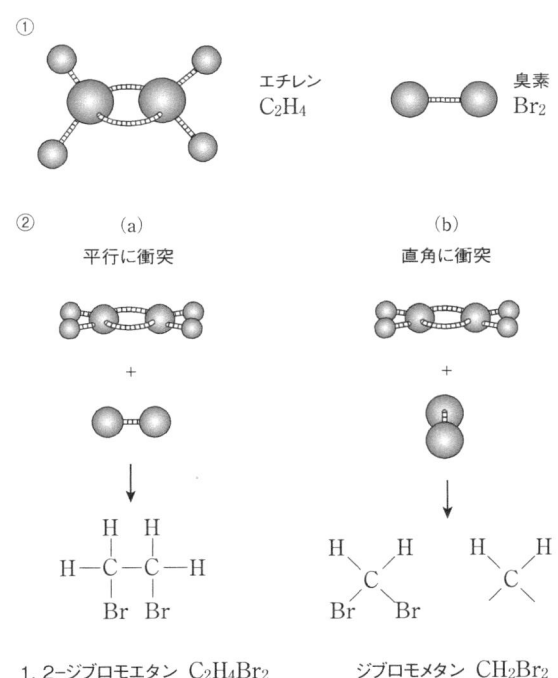

② (a) 平行に衝突　　(b) 直角に衝突

1,2-ジブロモエタン C₂H₄Br₂　　ジブロモメタン CH₂Br₂

Ⅲ～6図　エチレンと1,2-ジブロモエタン

「なるほど，一君の言うとおりなら，1,2-ジブロモエタンとジブロモメタンが，ほぼ1：2の割合でできそうですね」
「はい」
「ところがそうではないのです。しかし，一君はとても大切なところに気がつきましたから，その話に入りましょう」

III-5 二重結合の2本の手は同じものではない

◆ 二重結合の手の強さ

「一君は衝突する分子の向きを考えましたね。では、こういう見方はどうでしょう。

エチレンの二重結合の構造式では、2本の結合の手に違いがないように見えますね。本当に違いがないなら、そこにBr_2分子がぶつかったときには、たしかに2本が同時に切れて、二つのジブロモメタンになる可能性がありますね。

ところが、もしも1本が強く、1本が弱かったらどうでしょう。弱いほうが先に切れて、1,2-ジブロモエタンになるのではありませんか？」

「え、え、え、そんなことって！ どちらも2個の電子を共有している共有結合なんですから、2本の結合の手に強弱があるなんて考えられません」

◆ 黒鉛とダイヤモンド

「さあどうでしょうか。こんなところから考えてみましょう。

同素体というのを習ったでしょう？ たとえばダイヤモンドと黒鉛（グラファイト）は同素体です」

「はい。どちらも炭素Cからできています」

「そうです。同素体とは"成分元素は同じだが性質の異なる単体"のことです。ダイヤモンドは無色透明でキラキラ光り、地球上もっとも硬い物質で電気を通しません。一方、黒鉛は黒灰色、不透明でやわらかく、電気をよく通します。

あまりにも性質が違うので、昔は、まったく関係のない物質と思われていました。ところが1772年に、近代化学の父とい

III 炭化水素という化合物集団

黒鉛

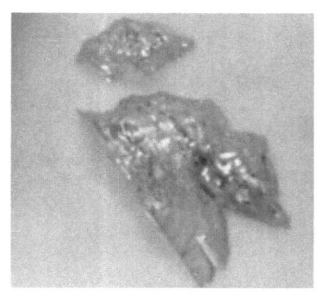

ダイヤモンド（原石）

まったく違う物質に見える黒鉛とダイヤモンドが、じつは同じ物質であることを証明したアントワーヌ・ラボアジェ（1743〜1794年）

われるラボアジェが、ダイヤモンドも空気中で強く熱すると、燃えて二酸化炭素になることを証明したのです。

　たしかにダイヤモンドも黒鉛も C 原子の集まりです。ダイヤモンドから取り出した C 原子と、黒鉛から取り出した C 原子を比べても、まったく同じで区別できません」

◆ 黒くなるか透明になるか

「まったく同じ C 原子からできているのに、単体としての性

ダイヤモンド　　　　　　　　　黒鉛

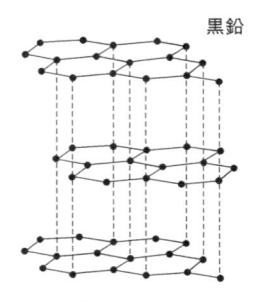

Ⅲ～7図　ダイヤモンドと黒鉛の違い

質がこのように大きく違うのは，C原子の結びつき方，並び方に原因があります（Ⅲ～7図）。

　ダイヤモンドは，メタンと同じように，1個のC原子から出る4本の結合の手が，正四面体の各頂点方向に平等に伸びて，隣のC原子と結びついています。つまり原子価4ということになります。

　それに対して黒鉛は，C原子が六角形の網目状につながった平面が重なる，層状の結晶構造です」
「この平面と平面の間の点線は何ですか？」
「平面の中では，1個のC原子が3本の手で隣のC原子とつながっています。そして4本目の手は，上下の平面と結びついている。それを示したのが点線です」
「すると黒鉛の結合の手は，本来，3本，つまり原子価は3ですか？」
「そうなります」
「だとすると，前（60ページⅢ～3図⑤）に出たC原子の電子配置は間違いなんですか？」
「間違いではなく，別の形があるのです」

「……？」

◆ 電子軌道の風船アート

「では，その話に入りましょう。Ⅲ〜8図を見てください。

①がC原子の電子配置の模型でしたね。1s軌道に2個，2s軌道に2個，$2p_x$と$2p_y$軌道に1個ずつ電子がある。それが②のように，2sと2pの$2sp^3$混成軌道（オービタル）ができて，4方向に伸びる結合の手になる。これがメタンやダイヤモンドのC原子の結合の手ですね」

「はい，そこまでは前に習いました」

「そこで黒鉛の場合です。3本の手が平面上にあり，もう1本はその平面と垂直方向に伸びているのですから，3本は等しく，1本は違ったものになっていると考えられます。それは③のように，2sと$2p_x$と$2p_y$の三つが混成軌道$2sp^2$になり，$2p_z$軌道は別という電子配置になっていることがわかりました」

「もともとは2s軌道が別物だったのに，こんどは$2p_z$軌道が

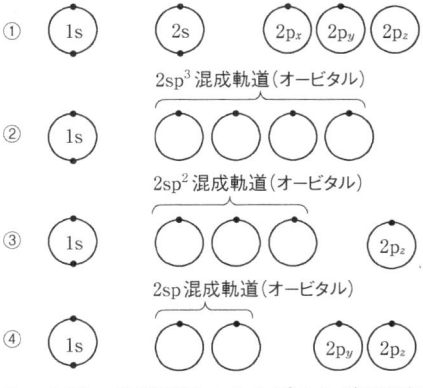

Ⅲ〜8図　炭素原子のさまざまな電子配置

別物になるんですね」
「そうです。この状態を模型化してみると，Ⅲ〜9図①のようになります。

　前（60ページ）のⅢ〜3図⑧と比べてみてください。前のは結合の手4本が別々の方向に出ていますが，4本は同格です。これに対してⅢ〜9図①は，3本($2sp^2$)が同一平面上にあって同格ですが，1本($2p_z$)はその平面の上下に出ていて別格です」
「何だか風船アートみたいですね。どれも電子は1個でしょう。どうして風船の大きさが違うのですか？」

◆ σ 結合・π 結合

「この風船の空間内に電子が動いていると思ってください。$2p_z$軌道の電子は上下に広く運動することを示しています。

　こういう電子配置で2個のC原子がつながったのがエチレンです。というより，"エタンから水素原子を2個とると，こういう形になる"というほうがよいでしょう。それがⅢ〜9図②です。つまり，二重結合の1本は$2sp^2$混成軌道で結びつき，もう1本は$2p_z$軌道で結びついているのです」
「ということは，エチレンの二重結合の手は，等しい2本ではない。したがってBr_2と反応するときに，ジブロモメタンにはならないということですね？」
「そうです。そして，この$2sp^2$による結合をシグマ（σ）結合，$2p_z$による結合をパイ（π）結合といいます」

◆ 黒鉛が電気を通すわけ

「さて，前（80ページⅢ〜7図）にもどって黒鉛ですが，平面内の六角形の網目の結合（細線）はσ結合で，上下の平面との結合（点線）はπ結合です。一つの平面の全面がπ結合でつながっ

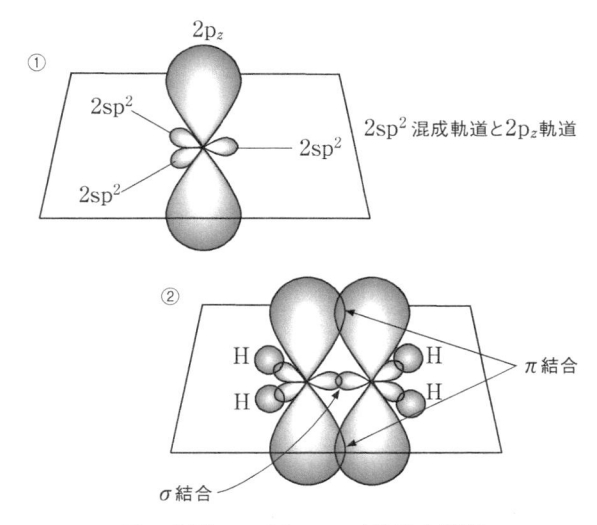

①　2p$_z$
2sp^2
2sp^2
2sp^2
2sp^{2}混成軌道と2p$_z$軌道

②　π結合
H H H H
σ結合

Ⅲ〜9図　エチレンの二重結合模型

ているため，電子が平面内をずっと移動できます。そのため黒鉛は非金属なのに，電気をよく通すのです」
「あっそうですね。電気というと金属で，非金属は電気に関係ないような気がしていました。でも，どんな元素でも原子の中に電子があるのだから，その電子が隣へ流れ出るかどうかで，電気的な性質が目立つわけですね」
「そうです，そうです。π結合を持つ化合物はまだあるのですが，あんまり脇道にそれないで，エチレンとその仲間について，まとめてみましょう」

III-6 エチレンとその仲間たち

◆ エチレンの製法

「エチレンは,石油化学工業の中間原料として,石油からたくさん作られています(212ページ参照)。

実験室でエチレン C_2H_4 を作るには,エタノール(エチルアルコール)C_2H_5OH に,濃硫酸 H_2SO_4 とか十酸化四リン P_4O_{10} を加えて熱します。つまり C_2H_5OH から水分子 H_2O をはずす,すなわち脱水反応をさせるのです。

$$\underset{\text{エタノール}}{H-\underset{|}{\overset{H}{C}}-\underset{|}{\overset{H}{C}}-H \atop \underset{\text{H OH}}{\rule{1.5cm}{0.4pt}}} \xrightarrow{\text{濃}H_2SO_4} \underset{\text{エチレン}}{H-\overset{H}{\underset{|}{C}}=\overset{H}{\underset{|}{C}}-H} + \underset{\text{水}}{H_2O}$$

実験室で少し多量に,連続して作るのも簡単です。石英か鉄のパイプに,ケイソウ土 SiO_2 かアルミナ Al_2O_3 の粉を詰めて熱し,そこにエタノールを通してやればいいのです」
「エタン C_2H_6 から水素原子 H を2個取るのではない?」
「はい。エタノールから作るほうが簡単にできます。しかし化学式の上では "C_2H_6 から H 原子が2個取れた" と考えるほうがいいですね。

というのは,同じようにアルカンから,H 原子が2個取れて二重結合が一つある炭化水素の系列を考えることができるからです。たとえばプロパン C_3H_8 → プロペン C_3H_6,ブタン C_4H_{10} → ブテン C_4H_8 というように」
「すると,エチレンの仲間もアルカンと同じだけある?」
「あると考えられます。そして,じつは異性体が多いため,ア

III 炭化水素という化合物集団

ルカンより多くなるのです。

たとえばブタンから、ブテンを考えてごらんなさい。

$$-\overset{|}{C}-\overset{|}{C}-\overset{|}{C}-\overset{|}{C}- \quad \text{ブタン}$$

$$\longrightarrow -\overset{|}{C}=\overset{|}{C}-\overset{|}{C}-\overset{|}{C}- \quad 1\text{-ブテン}$$

$$\longrightarrow -\overset{|}{C}-\overset{|}{C}=\overset{|}{C}-\overset{|}{C}- \quad 2\text{-ブテン}$$

二重結合の位置が違う二つのブテンができますね」
「なるほど」

◆ 自由に回る σ 結合

「さあ、話がだいぶ飛んでしまいましたが、元に戻りましょう。エチレン C_2H_4 に臭素 Br_2 を働かせると、付加反応によって、1,2-ジブロモエタン $C_2H_4Br_2$ ができる、というところから脱線したのでしたね。

1,2-ジブロモエタンの構造式をいくつか描いてみましょう。

$$\begin{array}{ccc} H & H \\ | & | \\ H-C-C-H \\ | & | \\ Br & Br \end{array} \qquad \begin{array}{ccc} H & Br \\ | & | \\ H-C-C-H \\ | & | \\ Br & H \end{array} \qquad \begin{array}{ccc} H & H \\ | & | \\ Br-C-C-Br \\ | & | \\ H & H \end{array}$$

このように並べると、異性体のように見えるかもしれません。しかし、これらはみな同じものです。$-C-C-$ 間の σ 結合は自由に回れるので、上下の区別がありません。そこで、どれも"両方のCに1個ずつBrがついている"ということになって、同じになるのです。もちろん、一方のCにBrが2個つけば異性体ですが。

でも二重結合があると事情は異なります。σ 結合の上下に π 結合があるので、C、C間の二重結合は自由に回れません。

$$\mathrm{H}{>}\mathrm{C}{=}\mathrm{C}{<}^{\mathrm{H}}_{\mathrm{Br}}$$ ブロモエチレン
（臭化ビニル）

　だからブロモエチレン（臭化ビニル）は1種類ですが，ジブロモエチレンでは，3種類あるというわけです」

$$\mathrm{H}{>}\mathrm{C}{=}\mathrm{C}{<}^{\mathrm{Br}}_{\mathrm{Br}}$$ 　1, 1-ジブロモエチレン
　　　　　　　　　　　（臭化ビニリデン）

$$\mathrm{Br}{>}\mathrm{C}{=}\mathrm{C}{<}^{\mathrm{Br}}_{\mathrm{H}}$$ 　トランス-1, 2-ジブロモエチレン

$$\mathrm{H}{>}\mathrm{C}{=}\mathrm{C}{<}^{\mathrm{H}}_{\mathrm{Br}}$$ 　シス-1, 2-ジブロモエチレン
(Br)

「わあ，ややこしい」

◆ 抱えるか？　下げるか？

「つまり，エチレンの二重結合の両方のCについているHが，それぞれ別のもので置き換えられたときには，二つの異性体があるということです。

　何かをXとしましょう。するとそれには，二つの形が考えられます。

$$\mathrm{H}{>}\mathrm{C}{=}\mathrm{C}{<}^{\mathrm{X}}_{\mathrm{H}}$$ トランス形　　$$\mathrm{H}{>}\mathrm{C}{=}\mathrm{C}{<}^{\mathrm{H}}_{\mathrm{X}}$$ シス形
(X)　　　　　　　　　　　　　　(X)

　こういうのをシス・トランス異性体とか，幾何異性体といいます」

Ⅲ　炭化水素という化合物集団

「重いトランクを一つは肩に，一つは手にさげて歩くのがトランス形，両方手にさげてしずしずと歩くのがシス形と思えばよさそうですよ」

トランス形とシス形

「なるほど，それはうまい覚え方ですね。とにかく，このように有機化合物には異性体が多いために，化合物数がべらぼうに多くなるのです」
「プロペン（プロピレン）やブテンの場合はどうなんです？」
「二重結合の両端のCを中心に考えれば同じでしょう。Hの代わりに$-CH_3$とか$-C_2H_5$がついている」
「ああ，そうですね。……でも，二重結合が二つあったらどうします？」
「そうなると，もうアルケンではありません。アルケンというのは二重結合が1個のグループです」

87

III-7 輪になる仲間たち──シクロアルカン

「でも二重結合が2個のものもあるんでしょう？」
「ありますが，それは別の系列です。その違いを表すために，一般式を考えてみましょう。

アルカンは C_nH_{2n+2} でしたね。アルケンは，それからH原子が2個とれたのですから C_nH_{2n} となります」
「では，二重結合が2個ある系列は C_nH_{2n-2} ですね？」
「そうですが，それは後まわしにします。一般式が C_nH_{2n} で表されるが，アルケンでないグループもありますから，それを先に見ていきましょう」
「へえ，そんなものがあるんですか？」
「エタンでは考えられませんが，もっと長い分子では，鎖の両端のHが取れる場合があります。そして二重結合にはならず，丸くつながるのです。こんな具合ですね。

シクロプロパン　　　　　　シクロヘキサン

シクロというのは，自転車のバイシクルと同じで，"輪"という意味です」
「その仲間も，アルカンと同じように，Cの数がだんだん増えて，いくらでもあるのですか？」
「そういうことです。しかし結合の手どうしの角度の関係や，

大きな輪になると不安定になるので、アルカンほどにはありません。シクロヘキサンが角度としていちばん安定で、その前後にいくつかあると思えばいいでしょう」
「"結合の手どうしの角度の関係"ってどういうことですか？」
「ああ、それはこういうことです。

初め（63ページ）に話したように、Cの4本の結合の手どうしの角度は109.5°です。それはCとHが正四面体の各頂点に配置された状態で、これを平面に投射すると正六角形になります。だから平面に描いた場合は、六角形がいちばん安定しています。他の多角形だと歪みができます。こんな数字がありますよ。

環の多角形	歪みのエネルギー
三角	38.4 kJ/mol
四角	27.6 kJ/mol
五角	5.4 kJ/mol
六角	0.0 kJ/mol
七角	3.8 kJ/mol
八角	5.0 kJ/mol

六角形を離れるにつれて、歪みのエネルギーが大きくなっていることがわかるでしょう？」
「シクロポリエチレンなんてものがあったら、1分子でネックレスができるわけですね」
「おもしろい発想ですね。将来、"単分子ネックレス"なんて売り出してはいかがですか？」
「いいわ。一君、おやりなさいよ」
「ははは。新商品の開発は一君に任せて、ではもう一つ別のグループに行きましょう。さらに、あと2個のH原子が取れた仲間です」

Ⅲ-8 ビニル樹脂の出発点
——アルキン(アセチレン系炭化水素)

◆ 二重結合・三重結合

「いよいよ C_nH_{2n-2} で,二重結合が 2 個あるものですね」

「たしかにそういう仲間もあります。でも,それは教科書には少ししか書かれていないのでは? ですから,その前に三重結合を一つもつアルキンに進みます」

「二重結合から,また H 原子を 2 個取るんですね?」

「そう。ここでまたⅢ〜8図④(81ページ)を見てください。つまり,$2p_y$ 軌道と $2p_z$ 軌道が仲間はずれになって,2s 軌道と $2p_x$ 軌道が混成軌道になっている形です。それを模型図にしてみましょう(Ⅲ〜10図)。

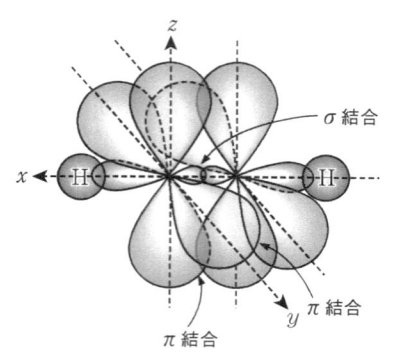

つまり,2 個の C 原子の間が 2sp 混成軌道の σ 結合で,その両端に H 原子があるから H-C-C-H と一直線になっている。これを x 方向とすると,それに直角に y,z 方向に π 結合が 2

Ⅲ〜10 図　アセチレンの三重結合

個あって，CとCをつなげているわけです」
「もちろん，これも−C≡C−の間は回転できないですね？」
「できません」
「すると，またトランス形，シス形みたいな幾何異性体があるのですか？」
「え？　こんどはCの両側にはHは1個ずつですよ。その一方が置換するか両方が置換するかだけですから，エチレンの場合より簡単でしょう」
「あ，そうか！　異性体はあるけど，幾何学異性体はない？」
「そうですよ」

◆ 夜店のランプ

「では，アルキンの代表のアセチレンについてお話ししましょう。ところで理恵さん，いなかの氏神様のお祭りは，今もにぎやかにやっていますか？」
「はい，今年も子どもたちが山車を曳いて，にぎやかでした」
「そうですか……。私が子どものころは，山車はありませんでしたが，若い人たちの相撲大会が楽しかったですよ。それから，お祭りの翌日にもおもしろいことがありました。

　お祭りには屋台が出て，お菓子やおもちゃを売ってました。夜になると屋台がアセチレン灯を灯す。カーバイドに水を加えると，アセチレンガスが出て，それに点火すると，明るい炎になるのです（次ページ写真）」
「知っています。あのくさーいやつでしょう」
「そう，あのくさーいやつです。でもあの臭いはアセチレンではなくて，不純物の硫黄やリンの化合物の臭いですよ。

　子どもだった私たちは，お祭りの翌日，屋台のあったところで，カーバイドのかけらを探したものです。そして，カエルを

アセチレン灯

捕まえ，その口の中に，拾ったカーバイドのかけらを詰め込みます。すると，発生したガスでカエルのお腹がパンパンにふくらむ。それを水の上に投げると，浮いてしまって泳ごうと足で水面をけっても，空をけって少しも進まないのです。それがおもしろくて，よくいたずらをしました」
「まあ，ひどい！」
「ははは，たしかにカエルには申し訳なかった……。まあ，つまりアセチレンは，私にとっては，子どものころからなじみの炭化水素だということが言いたかったのです」

◆ 溶接の臭い

「そうですね。今もエタンやエチレンは名ばかり聞いて，実際に見ることはありません。でも，アセチレンは溶接に使っていて，鉄骨建築現場に行けば，あの臭いがしますね」
「アセチレンを酸素と混合して完全燃焼させると，3330℃という高い温度が生じるので，溶接にはもってこいなのです。
　アセチレンは，カーバイドがあれば実験室でもすぐ作れます。

III　炭化水素という化合物集団

アセチレン溶接

カーバイドは炭化カルシウム CaC_2 のことで、石灰石を加熱して作った酸化カルシウム CaO とコークス C を電気炉で焼いて作ります。

カーバイドは常温で、水と激しい反応をします。

$$CaC_2 + 2H_2O \rightarrow Ca(OH)_2 + C_2H_2$$
　カーバイド　　　水　　　　水酸化カルシウム　　アセチレン

カエルの口の中でもこの反応でアセチレンが出たわけです。

アセチレンそのままで点火すると、ススの多い赤い炎で燃えます。HのわりにCが多いので、不完全燃焼でCが遊離するためです。そこで専用の器具を使って、あらかじめ空気とよく混ぜて燃えるようにすると、完全燃焼して、ススの出ない明るい炎になります。風が吹いてもなかなか消えないので、戸外でも明かりになりました。かつては電線のない神社の境内などでは、お祭りの屋台などでさかんに使われました」

◆ 爆発する濃度

「あらかじめ空気と混ぜて燃えるようにするなんて,大丈夫なんですか? だってガスと空気とが混ざると,ドカンと爆発しちゃいませんか?」

「たしかに,プロパンガスの爆発事故がときどきニュースになりますね。空気中に,そのガスがどのくらい(体積率)混ざっていれば爆発するかを示したのが爆発限界(Ⅲ~2表)です。

物 質 名	爆発限界(空気中体積%)
水　　　　　　素	4.0~75
一 酸 化 炭 素	12.5~74
メ　タ　ン	5.3~14
プ　ロ　パ　ン	2.2~9.5
エ　チ　レ　ン	3.1~32
ア セ チ レ ン	2.5~81
ジエチルエーテル	1.9~48
メ　タ　ノ　ー　ル	7.3~36
エ　タ　ノ　ー　ル	4.3~19

学習研究社『現代科学大事典』より

Ⅲ~2表　可燃性気体の爆発限界

たとえば水素は 4.0~75%の間では爆発します。もしも空気中に水素が3%含まれていると,燃えるけれども爆発はしない。また水素80%が入っている,つまり空気が20%含まれる水素も,爆発はしないということです」

「あれ,水素は80%の高濃度でも大丈夫なんですか? 僕は水素濃度が高いほど爆発しやすいと思ってました」

III 炭化水素という化合物集団

「よく考えてみればわかりますよ。空気、つまり酸素がある程度以上混ざらなくては、燃えることも爆発することもできないでしょう?」

「あっ、そうですね」

「さて、プロパンを見てごらんなさい。2.2〜9.5%と、爆発の範囲が狭いですね」

「ほんとだ、10%を超えれば爆発しない。だったら、プロパンが少し漏れたとわかったら、むしろコックを開いてたくさんガスを漏らし、10%を超えさせるほうが安全ということですね」

「おっと待ってください。この数字をそんなふうにとってもらっては困ります。

たしかに10%以上プロパンを混入した空気は爆発しません。しかし燃えないわけではありません。プロパンが多いほど燃え広がる可能性は高くなります。それに、空気中にプロパンガスが混ざっていくのだから、広がるガスの前面では、必ず10%より少ないところがあるはずです。そこで引火すれば爆発しますから、コックを開いてたくさんガスを出すなんて、とんでもないことです。

この表は、日常のガス漏れを注意するためではありません。たとえばプロパンで動くエンジンを考えるときなどに必要なのです」

◆ アセチレンの充塡方法

「ともあれアセチレンの性質を知るために、この表で比べてみましょう。アセチレンの爆発限界は2.5〜81%と幅が広いですね。つまりドカンと爆発する可能性は、プロパンよりずっと大きいということです。しかし5%くらい空気が混じっていても大丈夫。アセチレン灯の器具は、そのくらいしか空気を入れな

いようにしてあるので、爆発する心配はありません」

「はい、わかりました」

「しかし、これは常圧でのことで、圧力を加えるとアセチレンは100%、つまり空気なしで爆発します」

「あれ？　またまたおかしいですよ。だって溶接現場にはアセチレン・ボンベがありますよ。ボンベといえば、ガスに圧力をかけて詰めているのでしょう？」

「ええ、そうです。もしもアセチレンをそのままボンベに詰めたら爆発します。ところが、アセチレンには、都合のいい性質があります。アセトン CH_3COCH_3 という液体に、とてもよく溶けるのです。

そこで、まずボンベにケイソウ土を入れ、それにアセトンを吸わせておきます。それからアセチレンを圧入すれば、安全に詰められるのです。ふつうは 15×10^5 Pa（約15気圧）くらいの圧力にしてあります」

「へえ、うまい方法を考えたものですね」

◆ 爆発性の化合物

「爆発という話のついでに、アセチレンからできる爆発性の化合物のことを話しましょう。

アセチレンを硝酸銀 $AgNO_3$ とか塩化銅（Ⅰ）$CuCl$ のアンモニア水溶液に通すと、沈殿ができます。銀アセチリド $AgC \equiv CAg$（白色）とか銅アセチリド $CuC \equiv CCu$（褐色）という化合物です。

$$H-C \equiv C-H + 2[Ag(NH_3)_2]^+ \rightarrow AgC \equiv CAg + 2NH_4^+ + 2NH_3$$

$$H-C \equiv C-H + 2[Cu(NH_3)_2]^+ \rightarrow CuC \equiv CCu + 2NH_4^+ + 2NH_3$$

III 炭化水素という化合物集団

この沈殿は，濡れていれば安全ですが，乾燥すると，ちょっとつっつくだけで，パチンと爆発します」
「そんな敏感なんですか!?」
「一君，いたずらしようなんて考えているんじゃあないでしょうね！」
「そんな恐い目でにらむなよ，理恵さん。先生，少しだけならいいでしょう？」
「そうですね，試験管の中で作るくらいならいいでしょう。でも悪用はいけませんよ」
「おじさま，そんな甘いこと言ってはだめです。一君は，調子に乗ると何をするかわからないんだから！」
「まあまあ，とにかくエタンやエチレンにはこういう性質はない。そこで，ガス中にアセチレンがあるかどうかは，この方法でみつけることができます」

◆ ポリバケツを作る
「同じように爆発的に反応する付加反応があります。

たとえばアセチレン C_2H_2 と塩素 Cl_2 を混ぜると，常温でも $C_2H_2 + Cl_2 \rightarrow 2C + 2HCl$ と爆発的に反応して，スス（C）を出します。しかし適当な条件でゆっくり反応させると，

$$C_2H_2 + 2Cl_2 \longrightarrow H-\underset{\underset{Cl}{|}}{\overset{\overset{Cl}{|}}{C}}-\underset{\underset{Cl}{|}}{\overset{\overset{Cl}{|}}{C}}-H$$

というように，1,1,2,2-テトラクロロエタン（四塩化アセチレン）ができます」
「ええと，その 1,1,2,2-テトラクロロエタンは，付加反応と置換反応を続けて行えば，

$$\text{H}-\underset{\underset{\text{Cl}}{|}}{\overset{\overset{\text{H}}{|}}{\text{C}}}=\underset{\underset{\text{Cl}}{|}}{\overset{\overset{\text{H}}{|}}{\text{C}}}-\text{H} \quad + \quad \text{Cl}_2 \quad \xrightarrow{\text{付加反応}} \quad \text{H}-\underset{\underset{\text{Cl}}{|}}{\overset{\overset{\text{H}}{|}}{\text{C}}}-\underset{\underset{\text{Cl}}{|}}{\overset{\overset{\text{H}}{|}}{\text{C}}}-\text{H}$$

$$\text{H}-\underset{\underset{\text{Cl}}{|}}{\overset{\overset{\text{H}}{|}}{\text{C}}}-\underset{\underset{\text{Cl}}{|}}{\overset{\overset{\text{H}}{|}}{\text{C}}}-\text{H} \quad + \quad 2\text{Cl}_2 \quad \xrightarrow{\text{置換反応}} \quad \text{H}-\underset{\underset{\text{Cl}}{|}}{\overset{\overset{\text{Cl}}{|}}{\text{C}}}-\underset{\underset{\text{Cl}}{|}}{\overset{\overset{\text{Cl}}{|}}{\text{C}}}-\text{H} \quad + \quad 2\text{HCl}$$

と，エチレンからでも作れるのではありませんか？」
「そうですね。エタンから置換を繰り返してもいいですよ。

　同じ付加反応で，私たちの日常生活にとても都合のよいものができる反応があります。塩化水銀（I）Hg_2Cl_2 を触媒とし，アセチレンに塩化水素 HCl や酢酸 CH_3COOH を付加させると，塩化ビニルや酢酸ビニルができます。

$$C_2H_2 + HCl \longrightarrow \text{H}-\underset{}{\overset{\overset{\text{H}}{|}}{\text{C}}}=\underset{}{\overset{\overset{\text{Cl}}{|}}{\text{C}}}-\text{H}$$
塩化ビニル

$$C_2H_2 + CH_3COOH \longrightarrow \text{H}-\underset{}{\overset{\overset{\text{H}}{|}}{\text{C}}}=\underset{}{\overset{\overset{\text{OCOCH}_3}{|}}{\text{C}}}-\text{H}$$
酢酸ビニル

　この塩化ビニルや酢酸ビニルの構造式を見ると，まだ二重結合があって，エチレンとよく似ていますね。だからエチレンからポリエチレンができるのと同じように，これらビニル化合物を重合させると，ビニル樹脂のポリ塩化ビニルやポリ酢酸ビニルができます。ポリ塩化ビニルは水道管やポリバケツなど，とても広い用途のある高分子化合物です」
「アセチレンから固い水道管もできるんですか？」

Ⅲ　炭化水素という化合物集団

「固いものばかりではありませんよ。理恵さんの着ている服地のビニロンもこの仲間で，ポリ酢酸ビニルから作られます。ビニロンは産業分野で幅広く使われていて，たとえば畑に敷かれたり，温室を作ったりしている"ビニールシート"をよく目にすると思いますが，あれもビニロンです」

◆ 化け学

「まあ，そうなんですか。いろいろなものに変身させる，まさに"化け学"ですね」

「化け学ついでに恐ろしい"化け物"の話をしましょうか。

アセチレンから塩化ビニルを作るときに塩化水銀（Ⅰ）を触媒にすると言いましたね。ほかにも，硫酸水銀（Ⅱ）$HgSO_4$ を触媒とし，これに水 H_2O を付加させると，アセトアルデヒド CH_3CHO ができます。

$$H-C\equiv C-H \longrightarrow \left(\begin{array}{c}\text{不安定}\\ H-C=C-H\\ ||\\ HOH\end{array}\right) \longrightarrow H-\underset{H}{\overset{H}{\underset{|}{\overset{|}{C}}}}-\underset{O}{\overset{H}{\underset{\|}{\overset{}{C}}}}-H$$

$H-OH$

$C_2H_2 + H_2O$　　　　　　　　　　　　　　　　　　CH_3CHO
（アセチレン＋水）　　　　ビニルアルコール　　　（アセトアルデヒド）

このアセトアルデヒドから酢酸 CH_3COOH が作られて，やはり酢酸ビニルの原料になったり，合成繊維のアセテートレーヨンや薬のアスピリン（アセチルサリチル酸）の原料になったりします。ところがこのとき，触媒の一部が化合して，有機水銀化合物になります」

「あれ？　触媒というのは，反応に関係しないのではありませんか？」

「たしかに教科書にはそう書いてありますね。しかし，その際にいう反応とは，主反応のことです。今の水の付加反応では，

アセトアルデヒドのできる反応が主反応です。その反応式の中には，たしかに水銀は入っておらず，反応には関係しないといえます。しかし，副反応がおこるかもしれない。このあたりが，工業的に大々的に行う反応と，教科書に書かれている実験室レベルの反応との違いです。

　本当は，関係する現象のすべてを考えなければなりませんが，副反応については無視することが，よくあります。実際，実験室レベルでは，発生する有機水銀は無視してよい量です。ところが工業的規模になると，無視できない量になります。

　有機水銀が原因でおきた水俣病を知っていますね？　工業的規模の副反応でできた大量の有機水銀が，工場廃水に混じって川に出て，海に入り，魚の体内にたまり，その魚を食べた人たちが，有機水銀中毒になって中枢神経を冒されたのです」
「わあ，だとすると，アセチレンは便利なものだな，などと単純に喜んでばかりはいられませんね」
「そうですよ。"化け学"を勉強する人は，よほど考えなくてはなりません。人間にとって都合のよいものを作りやすい物質は，逆に，都合のわるいものも作りやすいのです」

◆ 変身するカーバイド

「話を元に戻しますが，便利なアセチレンは産業界でたくさん使われてきました。ピーク時の1970年には年間約6万4000tが生産されています。しかし，輸送効率がわるいために遠隔地配送に適さず，多量に供給するのがむずかしい。そのため大口の需要では，メタンガスやプロパンガス，エチレンガスといった石油系ガスが使われるようになりました。金属加工分野でも，プラズマ加工やレーザー加工など技術変革が進んでいます。そのため現在の生産量は年間約2万tになっています。

III 炭化水素という化合物集団

アセチレン C_2H_2 は、工業的にも主にカーバイド CaC_2 の加水分解で作られます（93ページ参照）。そのほか、天然ガスに含まれるメタン CH_4 や石油ガスに含まれるプロパン C_3H_8 などをアーク放電の高温で分解する方法もあります。$2CH_4 \rightarrow C_2H_2 + 3H_2$ とか $C_3H_8 \rightarrow C_2H_2 + CH_4 + H_2$ といった反応です。

アセチレンも800℃くらいで熱すると、$C_2H_2 \rightarrow 2C + H_2$ という反応でススが出ます。このススはアセチレンブラックといって、インキの原料などになります」

「インキになったり、水道管になったり、水俣病をおこす原因物質になったり、アセチレンもなかなかいそがしいですね」

「だから"化け学"なのです。

では、アセチレンの話のまとめに、この仲間のことをお話ししましょう。C_2H_2（アセチレン）、C_3H_4（プロピン）、C_4H_6（ブチン）、……といったように、系列があります」

「ブチンには、やはり、

```
−C≡C−C−C−           −C−C≡C−C−
    |  |                 |     |
  1-ブチン              2-ブチン
```

というような異性体があるのでしょう？」

「そうですよ」

III-9 二重結合が二つある仲間たち —— ジエン系

◆ イソプレンの仲間

「では次に、同じく C_nH_{2n-2} の一般式で表される、もう一つの

系列のジエン系に移りましょう。

　ジエン系は，一つの分子中に二重結合が2個ある仲間です。アルカンよりH原子が4個少ないという点ではアルキン系と同じですから，アルキン系と異性体関係にあります。

$$\begin{array}{c} \text{H} \quad \text{H} \quad \text{H} \quad \text{H} \\ | \quad | \quad | \quad | \\ \text{H}-\text{C}=\text{C}-\text{C}=\text{C}-\text{H} \end{array} \quad \text{ブタジエン}$$

$$\begin{array}{c} \quad\quad\quad\quad \text{H} \quad \text{H} \\ \quad\quad\quad\quad | \quad | \\ \text{H}-\text{C}\equiv\text{C}-\text{C}-\text{C}-\text{H} \\ \quad\quad\quad\quad | \quad | \\ \quad\quad\quad\quad \text{H} \quad \text{H} \end{array} \quad \text{1-ブチン}$$

　いちばん簡単なのはブタジエンC_4H_6で，ブチンの異性体です」
「ジエン系にも，Cが5個，6個……と，やはり仲間がいくらでもあるわけですか？」
「そのとおりです」
「では，二重結合も3個，4個と……とあるんですか？」
「そうなりますね。でも今は，2個のジエン系までででよしとしておきましょう」
「あ，わかった！　イソプレンはC_5H_8で，一般式のC_nH_{2n-2}に当てはまるからジエン系ですね。だから，イソプレンについて知るには，ジエン系までの話でよい，ということではありませんか？」
「ご明察！　たしかにイソプレンはジエン系です。ただしイソプレンに行く前に，ジエン系についてもう少しお話しすることがあります」

◆ **等間隔ではない結びつき**

「今までの話でわかるように，有機化合物の骨組みは炭素C

の結びつきで、それには単結合、二重結合、三重結合の3種類あります。

 しかしC原子の間隔をX線で調べると等間隔ではありません。C-C間は0.154nm, C=C間は0.134nm, C≡C間は0.120nmと、だんだん縮まっています（nm：ナノメートル＝10^{-9}m）。

 π結合とσ結合の違いはあっても、両方のC原子をつなぐ電子の数が増えるから、それだけ近くに引き寄せると考えたらよいでしょう。

 問題はジエン系です。ブタジエンについて測定してみると、単結合も二重結合も、単結合だけでできているものよりも、さらに縮まっています」

$$\underset{\underset{0.1337\text{nm}}{\uparrow}\quad\underset{0.1483\text{nm}}{\uparrow}}{\text{H}-\overset{\text{H}}{\text{C}}=\overset{\text{H}}{\text{C}}-\overset{\text{H}}{\text{C}}=\overset{\text{H}}{\text{C}}-\text{H}}$$

「どうしてそういうことになるのですか？」
「ええと、簡単に言うと、二重結合と単結合が固定したものではなく、揺れ動いていると考えたらよいと思います。

 こういうのを共鳴構造、そのようになる一つ置きの二重結合を共役二重結合といいます」
「わあ、ややこしいですね」
「分子の中の原子の結びつきは、固定的なものではなく、プラスチックのボール（原子）をスプリングでつなぎ合わせたようなもので、結合後も電子はゆれ動いているのだ、と考えるのです。それだから化学反応がおこるのだともいえます。

 共鳴構造の話が出たついでに、次は、これまでにお話しした系列とは一味違ったグループを紹介しましょう」

Ⅲ-10 "カメの甲"の仲間たち
——芳香族炭化水素

◆ 1字違いで大違い

おじさん博士は試薬棚から二つの瓶を持ってきました。一方には『ベンジン』，もう一方には『ベンゼン』と書いたレッテルが貼ってあります。

「さあ，いいですか，このベンジンはガソリンの一種で，溶剤やドライクリーニングに使われます。ベンゼンは，コールタールから採れ，同じく溶剤などに使われるものです。臭いは少し違いますが，見たところは両方とも無色の液体です」

二人が両方を嗅ぎ比べてみると，言葉では何と言ってよいかわかりませんが，たしかに違う臭いでした。

おじさん博士は二つの蒸発皿にベンジンとベンゼンを少しずつたらしました。そしてマッチをすって両方に点火しました。すると，ベンジンはそれほどでもありませんが，ベンゼンはもうもうと黒い煙を出し，舞いあがった煙からススがヒラヒラと落ちてくるではありませんか。

「わあ，ひどい。汚れちゃう！」と悲鳴をあげながら，理恵さんは制服の袖に落ちるススを吹いています。

「"ジ"と"ゼ"の1字だけの違いですが，この二つはまったく異なる物質であることがわかります。

ベンジンは石油から採った，アルカンです。ペンタンやヘキサンの混合物と思ってよいでしょう。一方，ベンゼンは石炭から採れるものです。アセチレンの話で，"HのわりにCが多いので，点火するとススを出して燃える"と言いましたね（93ページ）。ベンゼンも，Cが多い化合物だと考えられます。

III　炭化水素という化合物集団

　ベンゼンの分子式は C_6H_6 です。そのアルカンはヘキサン C_6H_{14} ですから，同じ C_6 でも，ベンゼンはヘキサンより8個も H 原子が少ない。
　そして H 原子が8個取れたとすると，たとえばこんな具合に二重結合が4個なくてはなりません」

$$H-\underset{|}{C}=\underset{|}{C}-\underset{|}{C}=\underset{|}{C}-\underset{|}{C}=\underset{|}{C}-H$$
（各炭素上に H）

「ええ，そうですね」

◆ ケクレの夢

「こんなに二重結合があるなら，さぞかし反応性に富んでいると思われますね。ところが，ベンゼン C_6H_6 に臭素 Br_2 を働かせると，付加反応ではなく，$C_6H_6 + Br_2 \rightarrow C_6H_5Br + HBr$ という置換反応がおこるのです」
「あれ？　ではアルカンなみに安定しているじゃないですか。どうしてですか？」
「不思議ですね。だから19世紀の化学者たちは，ベンゼンはいったいどんな構造をしているのかと悩みました。そして1865年にドイツのケクレがその構造を思いつきました。
　ベンゼンの構造発見25周年の祝賀会で，ケクレはその発見のエピソードを話したそうです。
　『ヘント大学に勤めていたときのことです。ある晩，机に向かって勉強していて，うっかりうたた寝をしてしまい，そして夢を見ました。
　夢の中ではヘビのような炭素原子の鎖がうごめいていて，6匹のヘビが次々に隣のヘビのシッポに嚙みつき，一つの環を作りました。そこで私は目をさまし，一晩かかってベンゼンに対

ケクレの夢

アウグスト・ケクレ
(1829 〜 1896 年)

応する環状構造の可能性を考えました』(ダンネマン:『大自然科学史 11 巻』による) ということです」
「へえ,夢の中でも考えていたんですね」
「そしてケクレの考えたのが,こんな構造式です。

しかしケクレの構造式では,ベンゼンの安定性を説明できません。なぜ付加反応をしないか。

それにブタジエンのところ (103 ページ) でお話ししたように C−C と C=C では,C 原子間の間隔が違うでしょう。だとすると,ベンゼンの六角形は辺の長さが違っているはずです。ところが実際に測定してみると,同じ間隔でした」

Ⅲ　炭化水素という化合物集団

◆ **ベンゼンの電子構造**

「そこで，二重結合は1ヵ所に固定せず，共鳴構造をしていると考えるようになりました。つまり，二つの構造の間で揺れ動いているのだと。

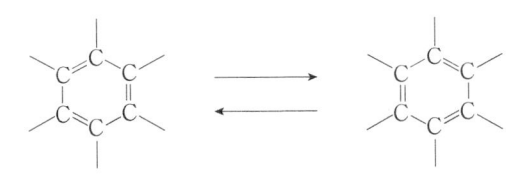

さらに化学研究が進み，黒鉛のところ（82ページ）でお話ししたように，π結合の電子が浮かび上がってきました。

するとベンゼンでは，同一平面上に6個のC原子と6個のH原子がσ結合で並び，その平面の上下に，π結合の電子がドーナツ状に広がっている，と考えられるようになりました。

模型的に描くとⅢ～11図のようになります。ただし，この図ではπ電子軌道しか描いてありません」

「すると，6個のCすべてが同じようにつながっているということですね」

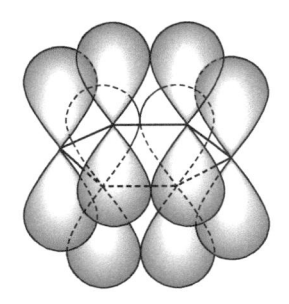

Ⅲ～11図　ベンゼンのπ電子軌道

「そうです。これだと π 電子は 6 個の C に平等につながっているので，安定性が高いと考えられるでしょう」

◆ "カメの甲" の描き方

「ベンゼンの構造（ベンゼン環）は，下のようにさまざまに描かれています。その様子から，よく"カメの甲"と呼ばれます。

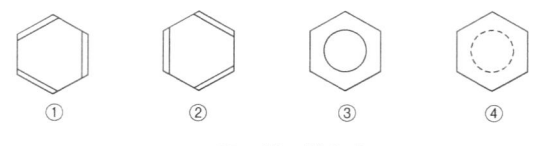

① ② ③ ④

ベンゼン環の描き方

③，④の○や⃝は π 電子のドーナツを表しています。教科書では①のような環を使っていることが多いでしょう。

ベンゼンの六角形構造を持っている炭化水素を，芳香族炭化水素またはベンゼン系炭化水素といいます」
「六角形の"カメの甲"を持っている炭化水素と限定すると，ベンゼンしかないのでは？」
「いやいや，先（105 ページ）にお話ししたとおり，ベンゼンの H は置換反応をします。

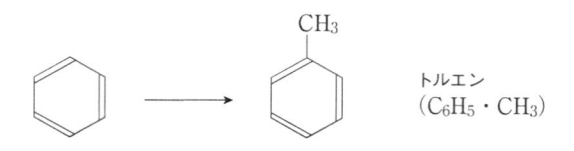

トルエン
($C_6H_5 \cdot CH_3$)

1 個の －H が －CH_3 で置換すると，こうなります」
「あ，なるほど。それも C と H の化合物ですね」

Ⅲ 炭化水素という化合物集団

「これはトルエン $C_6H_5 \cdot CH_3$ です。$-CH_3$ でなく $-C_2H_5$ が入るとエチルベンゼン $C_6H_5 \cdot C_2H_5$ になります。

エチルベンゼン

このように、この仲間の炭化水素はいくつも考えられます」
「あ、すると、ベンゼンの2個の $-H$ が置き換わったものもあるはずですね」

◆ 三つのベンゼン環

「そうですよ。

オルト
o-キシレン

2個 $-CH_3$ が入ると、o-キシレン C_8H_{10} になります」
「オルトというのは何ですか？」
「ベンゼン環に何かが2個つくときには、次のように三つの場合（異性体）があります。

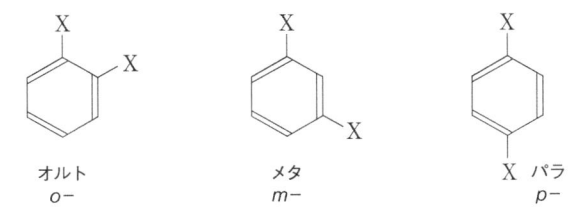

オルト　　　　　　　メタ　　　　　　　パラ
o-　　　　　　　　m-　　　　　　　p-

その三つを区別するために、オルト（o-）位、メタ（m-）位、パラ（p-）位というのです」

「お隣がオルト，その1軒先がメタ，そして，お向かいがパラですね」
「あれ？　同じ"お隣"でも左隣というのはないのですか？」
「あはは，それは裏返して見れば同じことでしょう」
「あ，なるほど」
「カメの甲が二つ，三つとつながったものもありますよ」

$C_{10}H_8$ ナフタレン

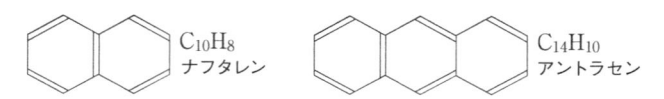

$C_{14}H_{10}$ アントラセン

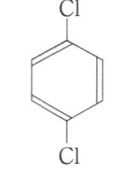

「ナフタレンは，タンスに入れる防虫剤のナフタリンとは違うものですか？」
「同じものです。ただし，このごろの防虫剤にはパラジクロロベンゼンが使われています。こんな形ですね。

ジクロロベンゼンは，まずベンゼンに鉄粉を触媒として塩素を作用させるのです。

p-ジクロロベンゼン

すると最初に，

ベンゼン + Cl_2 ⟶ クロロベンゼン + HCl

という置換反応でクロロベンゼンができ，ついで，オルト位とパラ位のジクロロベンゼンができます。

オルト位のジクロロベンゼンは染料などの原料としてよく使われるのですが，パラ位にはそんなに使い道がない。それで防虫剤にしたとかいう話を聞きました」

III　炭化水素という化合物集団

◆ メタ位はできにくい

「メタ位のジクロロベンゼンはできないのですか？」

「オルト位とパラ位のできるときは、メタ位はできにくいのです。それはこんな理由があります。

ベンゼン環の6個のH原子はまったく同等ですから、それらに6個のπ電子が近づく可能性も等しくなります。だから最初のClがHと置換するとき、どのH原子と置換するかは決まっていません。

ところが、ベンゼン環にClが1個入ったクロロベンゼンでは事情が異なります。6個のC原子をめぐるπ電子の分布が一様でなくなるからです。

Clに近いオルト位のC原子付近と、反対に遠いパラ位のC原子付近では、電子の分布状態が高まる。そして中間のメタ位のC原子付近では、その逆の状態になる。そのためHとClの置換の可能性に差が出て、メタ位の置換体はできにくい。

また、別の条件、たとえば紫外線を当てると、付加反応がおこります。

$$\text{ベンゼン} + 3Cl_2 \xrightarrow{\text{紫外線}} \text{ヘキサクロロシクロヘキサン}$$

ヘキサクロロシクロヘキサン

できたのはヘキサクロロシクロヘキサン、またはベンゼンヘキサクロリド（BHC）という化合物で、強力な殺虫剤です。20世紀半ばまでさかんに使われましたが、環境汚染が指摘されて、今は使用禁止になってしまいました」

「おもしろいですね。ちょっとの条件の違いで、まったく違っ

た化合物ができるんですね」

◆ ベンゼンからできるもの

「ベンゼンを出発点として，たくさんの染料や医薬や火薬が作られています。そのどれもが，置換反応でベンゼン環に何かをつけることからスタートします。スルホ基 $-SO_3H$ とかニトロ基 $-NO_2$ などです」

「あ，そのスルホ基で不思議に思うことがあります。たとえばベンゼンスルホン酸を作るのには，ベンゼンに濃硫酸を加えますよね。硫酸を使っているのに，どうして硫酸基といわないのですか？」

「それは，硫酸の構造式を描いてみるとわかりますよ。

つまり硫酸は，無機化学では硫酸イオンとして働くことが多い。一方，有機化学ではスルホ基として働き，たとえば

$$ + H_2SO_4 \longrightarrow ^{SO_3H} + H_2O$$

ベンゼンスルホン酸

というように置換反応することが多いのです」

「うーん，なるほど」

「硝酸 HNO_3 も硝酸イオンとニトロ基に分かれます。

$$H\!:\!O\!-\!N\!\!\!\begin{array}{c}\diagup O\\ \diagdown O\end{array} \longrightarrow H^+ \quad :NO_3^- \qquad 硝酸イオン$$

$$\longrightarrow HO\!:\quad :N\!\!\!\begin{array}{c}\diagup O\\ \diagdown O\end{array} \qquad ニトロ基$$

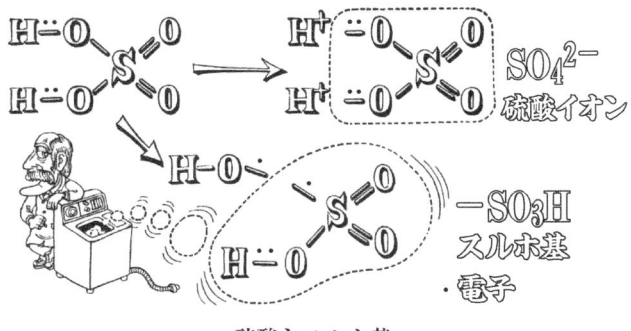

Ⅲ　炭化水素という化合物集団

硫酸とスルホ基

　ベンゼンにニトロ基が1個つけばニトロベンゼン，トルエンにニトロ基が3個つくと2,4,6-トリニトロトルエン（TNT）になります。

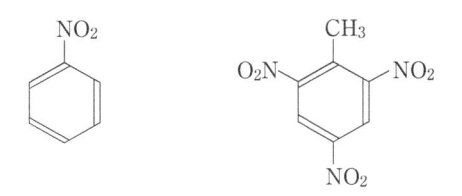

ニトロベンゼン　　　　2, 4, 6-トリニトロトルエン

　TNTは強力な爆薬です。核爆弾の威力を表すのに"キロトン"とか"メガトン"という単位がありますね。これはTNTの1キロトン（1kt = 1000t）とか1メガトン（1Mt = 100万t）に相当する爆発力という意味です」
「便利なものから恐ろしいものまで，いろいろできちゃうんですね！」

113

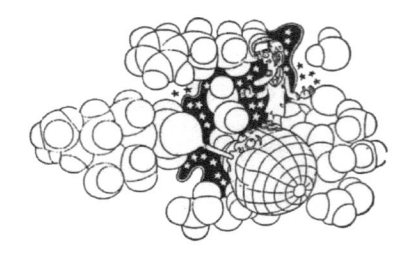

IV 有機化合物の名前のつけ方
——IUPAC命名法

◆ 慣用名と IUPAC 命名法

「それにしても,おじさま,有機化合物って,名前がややこしいですね」

「そうですね。とにかく有機化合物はものすごくたくさんあります。炭化水素だけでも異性体がずいぶんな数になるから,それらを区別する,しっかりした物質名が必要です。

化合物がまだそれほどたくさん発見されていない時代には,発見されるたびに,それぞれ名づけられました。これを慣用名といいます。たとえば前(65 ページ)に出た,メタンと塩素の置換反応の結果できた物質で見ると,カッコの中が慣用名になります。

CH_3Cl	クロロメタン	(塩化メチル)
CH_2Cl_2	ジクロロメタン	(塩化メチレン)
$CHCl_3$	トリクロロメタン	(クロロホルム)
CCl_4	テトラクロロメタン	(四塩化炭素)

しかし慣用名は体系的ではありません。化合物がたくさんみつかるようになると,どうしても体系的に名前をつけなくてはなりません。そこで世界共通の IUPAC(アイユーパック)命名法が考えられました。これは International Union of Pure and Applied Chemistry(国際純正・応用化学連合)の略で,いわば化学の国連のような組織名と思えばよいでしょう。

上の例では、クロロメタンとかジクロロメタンというのがIUPAC 命名法による呼び方です」

◆ IUPAC 命名法の基本ルール

「IUPAC 命名法の基本ルールは以下のようになっています。

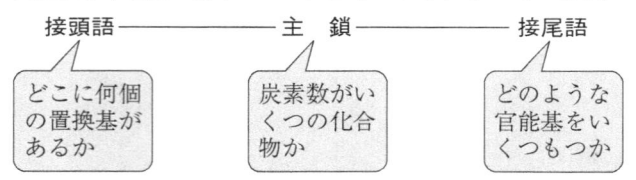

接頭語 ——————— 主 鎖 ——————— 接尾語

- どこに何個の置換基があるか
- 炭素数がいくつの化合物か
- どのような官能基をいくつもつか

つまり、炭化水素の分子を、主鎖とそれに枝（側鎖）がついている形に考えるのです。

主鎖の基本は、炭素原子Cが単結合で連なった物質のアルカン alkane ですね。それにはCの数を示すギリシャ数詞に ane をつけます。

1→モノ	mono	6→ヘキサ	hexa
2→ジ	di	7→ヘプタ	hepta
3→トリ	tri	8→オクタ	octa
4→テトラ	tetra	9→ノナ	nona
5→ペンタ	penta	10→デカ	deca

ギリシャ数詞

ただしCの数が4個までは、引き続き慣用名を使います。すなわちCが1個の場合はメタン methane、2個はエタン ethane、3個はプロパン propane、4個はブタン butane です。

そしてCが5個ならペンタン pentane、6個ならヘキサン hexane、7個ならヘプタン heptane という具合です。

さらに、炭化水素化合物だけでなく、すべての化合物で、数詞はこれらのギリシャ数詞を使います」

「すると、たとえばジクロロメタンの"ジ"というのは di で 2 のことですね？ クロロとは塩素 Cl でしょう。つまり、メタンに Cl が 2 個ついていることを表しているんですね？」
「そのとおりです。理解が早いですね。

さて次は二重結合が一つある物質です。これはアルカン alkane の ane を ene に換えてアルケン alkene と呼びます。そして三重結合がある物質は yne に換えて、アルキン alkyne といいます。

つまり、それぞれの語尾に、飽和炭化水素で単結合のアルカン（メタン系）は ane、不飽和炭化水素で二重結合が一つあるアルケン(エチレン系)は ene、同じく不飽和炭化水素で三重結合が一つあるアルキン（アセチレン系）は yne をつけるのです。

たとえば C が 2 個の場合、アルカンは ethane（エタン）、アルケンなら ethene（エテン）、そしてアルキンは ethyne（エチン）という具合です」
「エチン！ アハハおもしろい」
「たとえば C が 10 個の場合は deca なので、アルカンは decane（デカン）、アルケンなら decene（デケン）、そしてアルキンは decyne（デキン）となります」
「デキンではなく、デキル、デキル！」
「ははは、まあ、そんな調子で覚えてください」

◆ 側鎖はどう表記するのか
「さて、枝（側鎖）はアルカンから水素が一つ取れた形が多いですね。この形をアルキル基と呼びます。アルカンの C_nH_{2n+2} から水素が一つ取れた $-C_nH_{2n+1}$ の一般式で表されます。

この方法で C_{10} までを表にしてみましょう（次ページⅣ～1 表）。

Cの数 n	アルカン	分子式 C_nH_{2n+2}	アルキル基	基の式 $-C_nH_{2n+1}$
1	メタン	CH_4	メチル基	$-CH_3$
2	エタン	C_2H_6	エチル基	$-C_2H_5$
3	プロパン	C_3H_8	プロピル基	$-C_3H_7$
4	ブタン	C_4H_{10}	ブチル基	$-C_4H_9$
5	ペンタン	C_5H_{12}	ペンチル基	$-C_5H_{11}$
6	ヘキサン	C_6H_{14}	ヘキシル基	$-C_6H_{13}$
7	ヘプタン	C_7H_{16}	ヘプチル基	$-C_7H_{15}$
8	オクタン	C_8H_{18}	オクチル基	$-C_8H_{17}$
9	ノナン	C_9H_{20}	ノニル基	$-C_9H_{19}$
10	デカン	$C_{10}H_{22}$	デシル基	$-C_{10}H_{21}$

Ⅳ〜1表　C_{10} までのアルキル基

　次に，その枝（側鎖）のついている場所の表し方です。それには，枝のついているCの番号ができるだけ小さくなるように，言い換えると，枝が出るCに近いほうの主鎖の端から順に，Cに番号をつけるのです。

　例をあげてみましょう。

$$\overset{1}{CH_3}-\overset{2}{CH}-\overset{3}{CH_2}-\overset{4}{CH_3} \atop \quad\;\; | \atop \quad\;\; CH_3$$

2-メチルブタン
（イソペンタン）

　これは，いちばん長い鎖（主鎖）にC原子が4個ついているからブタンですね。それにメチル基 $-CH_3$ がついているのでメチルブタン。そして主鎖の枝が出ているところにいちばん近い左側の端が1番目になり，その2番目にメチル基の枝が出

IV　有機化合物の名前のつけ方

ているから，"2-メチルブタン"と呼べばいいのです」
「あ，でもこれってペンタンの異性体のイソペンタンでしょう？（69ページ）」
「そうです。しかし主鎖はCが4個なので，こういう場合はブタンを主にして名づけるのです。

　ペンタンのもう一つの異性体に，ネオペンタンというのがありましたね（69ページ）」

$$\mathrm{CH_3-\underset{\underset{CH_3}{|}}{\overset{\overset{CH_3}{|}}{C}}-CH_3}\qquad \text{2, 2-ジメチルプロパン（ネオペンタン）}$$

「はい」
「これは，主鎖はCが3個なので，プロパンを主として命名します。そして主鎖の2番目に2本の枝が出ていて，合わせて二つのメチル基－CH_3があるので，2,2-ジメチルプロパン」
「メタンに4個の－CH_3がついているから，テトラメチルメタンではいけませんか？」
「それでもいいですよ。

　では，枝が2ヵ所から出ているものはどういうのか。たとえばこれは2,3-ジメチルブタンです。

$$\overset{1}{\mathrm{CH_3}}-\overset{2}{\underset{\underset{\mathrm{CH_3}}{|}}{\mathrm{CH}}}-\overset{3}{\underset{\underset{\mathrm{CH_3}}{|}}{\mathrm{CH}}}-\overset{4}{\mathrm{CH_3}}\qquad \text{2, 3-ジメチルブタン}$$

ブタンの主鎖の2番目と3番目のCに一つずつ，計2個のメチル基がついていることを表した呼び方です。

　枝につくのが違ったものはどういうのか。

119

たとえばこれは 2,3-ジメチルペンタン。

$$\underset{4,5\ \ C_2H_5\ \ \ CH_3}{\overset{3\qquad\quad 2\qquad\ \ 1}{CH_3-CH-CH-CH_3}}$$

こういう場合に気をつけなければならないことがあります。

この構造式の主鎖は，上の C が 4 個の $CH_3-CH-CH-CH_3$ ではありません。主鎖はいちばん長い C のつながりでしたね。ですから，グレーに着色したつながり部分の $C_2H_5-CH-CH-CH_3$ が主鎖です。

すると，C が 5 個なのでペンタン。その 2 番目と 3 番目にそれぞれメチル基が合わせて 2 個つくので，2,3-ジメチルペンタンというわけです」

「あ～，わかった！」

「それでは，次の炭化水素の名を言ってごらんなさい」

問題　① $\underset{\ \ \ \ \ CH_3}{CH_3-CH-CH_2-CH_2-CH_3}$

② $\underset{\ \ \ \ \ C_2H_5}{\overset{\ \ \ \ \ CH_3}{CH_3-C-CH_2-CH_3}}$

③ $\underset{\ \ \ \ \ \ \ \ \ \ \ \ \ \ C_2H_5}{CH_3-CH_2-CH_2-CH-CH_3}$

一君と理恵さんはいっしょに考え，次のように答えました。

答え　①　2-メチルペンタン

Ⅳ 有機化合物の名前のつけ方

　② 3,3-ジメチルペンタン
　③ 2-エチルペンタン

「う～ん，おしい！　③を 2-エチルペンタン，つまり "ペンタン C_5H_{12} の 2 番目の C にエチル基 $-C_2H_5$ がつく" と表現するのは間違いです。

　この構造式の主鎖は，点線で囲んだ $CH_3-CH_2-CH_2-CH-CH_3$ ではありません。グレーで着色した $CH_3-CH_2-CH_2-CH-C_2H_5$ で，C が 6 個つながるのがいちばん長い鎖です。

$$\begin{matrix} 6 & 5 & 4 & 3 & \\ CH_3-CH_2-CH_2-CH-CH_3 \\ & & & | & \\ & & & 1,2\ C_2H_5 & \end{matrix}$$

　そうすると C_6 で，ペンタンではなくヘキサン。そして C の位置番号は枝から近いほうの端からつけるので，3 番目の C にメチル基 CH_3 がつく。つまり正解は 3-メチルヘキサンになります」
「わあ，そうでしたね」

◆ 二重結合・三重結合の表し方

「では次に，枝がなく，二重結合や三重結合がある場合の表し方です。これも主鎖の結合位置番号で示します。

　二重結合や三重結合がある場合は，その位置がもっとも小さくなるように番号をつけていきます。

　　$CH_2=CH-CH_2-CH_3$　　1-ブテン
　　$CH_3-CH=CH-CH_3$　　2-ブテン

　　$CH\equiv C-CH_2-CH_3$　　1-ブチン
　　$CH_3-C\equiv C-CH_3$　　2-ブチン

というようにです」

「では,枝と二重結合の両方があった場合は,どちらを先に言うのですか?」

「その場合は枝からです。たとえば下の構造式は,3-メチル-1-ペンテンです。

$$CH_3-CH_2-\underset{|}{\underset{CH_3}{C}H}-\overset{2}{C}H=\overset{1}{C}H_2$$

つまり"主鎖にCが5個あるからペンテンで,その3番目のCにメチル基 $-CH_3$ がつき,1番目の結合が二重結合"というわけです」

「ややこしいけど,何となくわかるような気もしてきました」

◆ **環状化合物の表し方**

「次はシクロアルカンです。これは環状(シクロ)の飽和炭化水素化合物(アルカン)でしたね(88ページ参照)。鎖式炭化水素名にシクロをつけ"シクロ○○"と呼びます。

シクロペンタン   シクロヘキサン

それから,芳香族(ベンゼン系)炭化水素の場合は,先ほどお話ししましたね(109ページ)。$o-$(オルト),$m-$(メタ),

Ⅳ　有機化合物の名前のつけ方

p-（パラ）で呼ぶか，または右回りに番号をつけます。

o-キシレン
または，1, 2-ジメチルベンゼン

1-メチル-2-クロロ-4-ニトロベンゼン

　まあ，今はこんなところで，あとはそのたびに覚えていけばいいでしょう。ただしIUPAC命名法は長くなりがちなので，慣用名を使うこともあります」

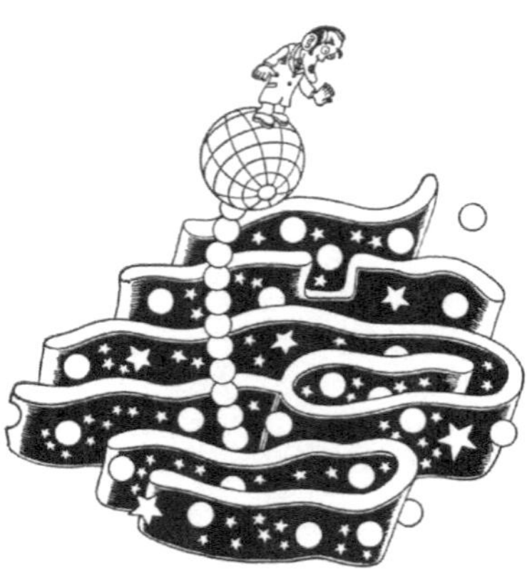

V 炭化水素を徐々に酸化して得られる化合物——アルコール・アルデヒド・カルボン酸

V-1 甘酒がすっぱくなる話

◆ 甘酒の作り方

「理恵さん,いなかでは,まだお祭りのときに甘酒を飲ませてくれますか?」

「ええ,子どもたちは飲むようです。私は,何だかお酒くさくって好きじゃありません」

「一君は?」

「僕は飲んだことありません」

「今は甘くておいしいものがたくさんあるから,昔ほど人気はないんじゃないかしら」

「なるほどねぇ。私たちが子どものころ,おばあさんがときどき作ってくれたんですが,時には甘かったり,時には少しすっぱかったり,時には理恵さんの言うように,お酒くさかったりしました。でも,こんなおいしいものはほかにないと思って,たくさん飲んだものです。

さてそこで,なぜ甘酒がすっぱくなるのか,そのあたりから考えてみましょう。

甘酒を作るには,まずカビの一種(糸状菌)のコウジを作ります。種コウジをご飯の上にばらまき,保温しておくと,やがてご飯粒の上に,白い糸状のコウジカビがいっぱい生えてきま

甘酒作りの"化け学"

す。このカビが、デンプンを加水分解する酵素をたくさん持っているのです。

　コウジの準備ができたら、別におかゆを作り、少し冷めたところで、そのコウジを入れてよく混ぜます。それを密閉して保温し、2～3日置いておけば、おいしい甘酒になります。

　もし早く作りたければ、湯煎（ゆせん）といって、おかゆの容器をお湯に漬けて温めます」

◆ 甘酒→お酒→お酢

「デンプンの加水分解のお話をしましたね（41ページ）。アミラーゼという酵素が、デンプンをマルトース（麦芽糖）に加水分解し、マルターゼという別の酵素が、マルトースをグルコース（ブドウ糖）に加水分解するという話です。

Ⅴ 炭化水素を徐々に酸化して得られる化合物

　コウジには，その両方の酵素が含まれます。甘酒の甘みは，マルトースとグルコースが混ざった味と思ってよいでしょう。

　さあ，ここで反応がストップしていれば甘酒は甘いままでいます。ところが，空気中にはいろいろな菌の胞子が浮遊しているので，それらが甘酒に入って繁殖します。その中にチマーゼという酵素を出す酵母菌もいます。

　チマーゼは，糖をアルコールにする発酵作用があります。たとえばグルコース $C_6H_{12}O_6$ をエタノール C_2H_5OH と二酸化炭素 CO_2 に分解します。

　これは昔からお酒を作るときに利用されている反応で，甘酒もこの反応が少しおこると，酒くさくなるわけです。

　ちなみに，果物が木の窪みなどに落ちて，それが自然に発酵することもあるようです。昔の人はその"酒"をみつけ，野生のサルも酒を作ると考えてサル酒と呼んだりしました。

　ところが，空気中には酢酸菌もいます。これはエタノールを酢酸にする発酵，すなわち酢酸発酵をします。酢酸発酵は甘酒の中では案外早く進行するので，酒でとどまれず，すっぱくなってしまうわけです」

「じゃあ，空気中からそれらの菌が入らないようにするとよいわけですね？」

「そのとおり。だから甘酒を仕込む容器を，まず沸騰したお湯に入れて殺菌してから使うとか，しっかり蓋ができる容器を使うとかの注意が必要です。また，もうできたかしら？　などとたびたび蓋を開けてのぞくのもよくありません。

　まあ，甘酒の話はこのくらいにして，これらの反応の化学を考えてみましょう」

V-2 エタンを徐々に酸化すると

◆ エタン→エタノール

「甘酒の話はデンプンからでしたが、こんどはエタンから始めましょう。

エタンを点火して燃やす、つまり急激に酸化すると、$2C_2H_6 + 7O_2 \rightarrow 4CO_2 + 6H_2O$ で、水と二酸化炭素にまで完全に酸化します。ところが、ゆっくりと酸化すると、まずエタノールになるのです。

$$\begin{array}{c} H\ H \\ | \ | \\ H-C-C-H \\ | \ | \\ H\ H \end{array} + (O) \longrightarrow \begin{array}{c} H\ H \\ | \ | \\ H-C-C-O-H \\ | \ | \\ H\ H \end{array}$$

エタン　　　　　　　　　　　　　エタノール

このようにC-Hのつながりの中にO原子が入り、ヒドロキシ基-OHを作ります」

「-OHというと塩基ですね」

「無機化合物では水酸化物イオンOH^-となり、これは塩基です。しかし有機化合物ではヒドロキシ基-OHと呼び、塩基とはいいません。-OHが炭化水素についたのがアルコールです。

それはそれとして、もう少し酸化が進むと、もう1個-OHができるのですが、これは不安定で、水分子H_2Oが取れてアセトアルデヒドCH_3CHOになります」

$$\begin{array}{c} H\ H \\ | \ | \\ H-C-C-O-H \\ | \ | \\ H\ H \end{array} + (O) \rightarrow \left[\begin{array}{c} H\ H \\ | \ | \\ H-C-C-O-H \\ | \ | \\ H\ O-H \end{array}\right] \rightarrow \begin{array}{c} H\ H \\ | \ | \\ H-C-C=O \\ | \\ H \end{array} + H_2O$$

エタノール　　　　　　　水分子　　　　アセトアルデヒド

Ⅴ　炭化水素を徐々に酸化して得られる化合物

「甘酒の場合は、アルコールから酢酸 CH_3COOH になったのじゃありませんか？」

「ええ、そうです。その途中でアセトアルデヒドができているのですが、すぐ次の反応に進んでしまいます。

つまり、アセトアルデヒドがさらに酸化されて酢酸になるのです」

$$\begin{array}{c} H\ \ \ H \\ |\ \ \ \ \ | \\ H-C-C=O \\ |\ \ \ \ \ \ \\ H \end{array} + (O) \longrightarrow \begin{array}{c} H\ \ \ O-H \\ |\ \ \ \ \ \ | \\ H-C-C=O \\ |\ \ \ \ \ \ \ \\ H \end{array}$$

　　　アセトアルデヒド　　　　　　　　　　　酢酸

「では、もう一段酸化すると、何になりますか？」

「変化はここまでです。次の段階では、分子が壊れて CO_2 と H_2O になってしまいます」

◆ 酸化は発熱反応

「さあここで、無機化学で習った熱化学方程式を思い出してください。『理科年表』に、エタンやエタノールの燃焼熱が記載されているでしょう。これを熱化学方程式で書いてみます。

エタン
$$C_2H_6 + \frac{7}{2}O_2 = 2CO_2 + 3H_2O + 1560 \text{ kJ} \quad \cdots\cdots ①$$

エタノール
$$C_2H_5OH + 3O_2 = 2CO_2 + 3H_2O + 1368 \text{ kJ} \quad \cdots\cdots ②$$

アセトアルデヒド
$$CH_3CHO + \frac{5}{2}O_2 = 2CO_2 + 2H_2O + 1167 \text{ kJ} \quad \cdots\cdots ③$$

酢酸
$$CH_3COOH + 2O_2 = 2CO_2 + 2H_2O + 875 \text{ kJ} \quad \cdots\cdots ④$$

ここから，エタンがだんだん酸化していくときの熱を計算してみましょう。

①-②から　$C_2H_6 + \dfrac{1}{2} O_2 = C_2H_5OH + 192 \text{ kJ}$

②-③から　$C_2H_5OH + \dfrac{1}{2} O_2 = CH_3CHO + H_2O + 201 \text{ kJ}$

③-④から　$CH_3CHO + \dfrac{1}{2} O_2 = CH_3COOH + 292 \text{ kJ}$

このように，みんな＋ですから，発熱反応です」
「熱を小出しにしていくのですね」
「そうです。メタンでも同じようなゆるやかな酸化がおこります。考えてごらんなさい」

一君と理恵さんは次のように考えました。

$$\underset{\text{メタン}}{H-\overset{\overset{H}{|}}{\underset{\underset{H}{|}}{C}}-H} \xrightarrow{+(O)} \underset{\text{メタノール}}{H-\overset{\overset{H}{|}}{\underset{\underset{H}{|}}{C}}-O-H} \xrightarrow[-H_2O]{+(O)} \underset{\text{ホルムアルデヒド}}{H-\overset{\overset{H}{|}}{C}=O} \xrightarrow{+(O)} H-\overset{\overset{O-H}{|}}{C}=O$$

「この最後にできる物質は何ですか？」
「ギ酸 HCOOH です」
「こうした反応は，もっとCの数が多い炭化水素でも同じですか？」
「そうです。炭化水素の一般構造式は，こう描けます」

$$R-\overset{\overset{H}{|}}{\underset{\underset{H}{|}}{C}}-H$$

V　炭化水素を徐々に酸化して得られる化合物

◆ 炭化水素基

「そのR−は何ですか？」

「R−は，炭化水素からHを取った残りが"R−"で，一般に炭化水素基を表します。

R−がH−ならメタン，CH_3-ならエタンです。

$$\text{メタン} \quad H-\underset{\underset{H}{|}}{\overset{\overset{H}{|}}{C}}-H \qquad \text{エタン} \quad H-\underset{\underset{H}{|}}{\overset{\overset{H}{|}}{C}}-\underset{\underset{H}{|}}{\overset{\overset{H}{|}}{C}}-H$$

そうすると，次のように酸化が進むことになります。

$$R-\underset{\underset{H}{|}}{\overset{\overset{H}{|}}{C}}-H \xrightarrow{+(O)} R-\underset{\underset{H}{|}}{\overset{\overset{H}{|}}{C}}-O-H \xrightarrow[-H_2O]{+(O)} R-\underset{}{\overset{\overset{H}{|}}{C}}=O \xrightarrow{+(O)} R-\underset{}{\overset{\overset{O-H}{|}}{C}}=O$$

また，こんなCの数が一つ多いものもRといえます。

$$\left. R-\underset{\underset{H}{|}}{\overset{\overset{H}{|}}{C}}- \right\} \text{全体もR}$$

つまりR−を使って，たとえば炭化水素はR−H，アルコールはR−OH，アルデヒドはR−CHO，カルボン酸はR−COOHなどと表すことができます」

「え，……ええ，そうですね」

「このようなR−を使った式を一般式といいます。

このR−，つまり炭化水素からHが取れたグループをアルキル基といいました（117ページ参照）。さらにR−でアルキル基以外を表すこともあります。たとえばメチレン基$>CH_2$，

ビニル基 $CH_2=CH-$，フェニル基 C_6H_5- などです。これらを広く炭化水素基と呼び，R- で表すことがあります」

V-3 百薬の長か魔物の水か
——アルコールとその仲間たち

◆ アルコールの命名法

「では次に，アルコールの仲間を考えていきましょう。ふつうのアルコールは，アルカンのアルキル基に -OH が1個ついた仲間です。

メタノール	(メチルアルコール)	CH_3OH
エタノール	(エチルアルコール)	C_2H_5OH
1-プロパノール	(プロピルアルコール)	C_3H_7OH
……		
1-ヘキサデカノール	(セチルアルコール)	$C_{16}H_{33}OH$
……		

というようにね」
「( ) の中の名は?」
「慣用名です。アルコールの IUPAC 命名法は，炭化水素名の末尾の e の代わりに "オール ol" をつけます。ただし IUPAC 命名法は長くなりがちなので，慣用名を使うこともありますから，添えておきました」
「ああ，そうか。たとえば CH_3OH はメタン + オール (methan + ol) でメタノール methanol だ。覚えてしまえば簡単ですね」
「そうですよ。だから基本が大切なのです。

さて，炭化水素は C が3個のプロパンまでは異性体があり

V 炭化水素を徐々に酸化して得られる化合物

ませんでした。しかしアルコールでは，同じく C が 3 個のプロパノールから，異性体があります。

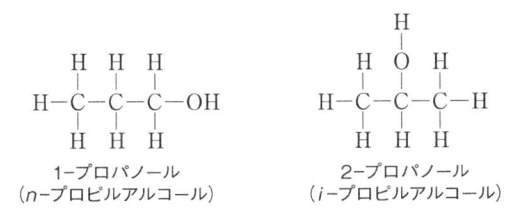

```
    H H H                    H
    | | |                    |
H - C - C - C - OH       H   O  H
    | | |                |   |  |
    H H H            H - C - C - C - H
                        |   |  |
  1-プロパノール            H   H  H
（n-プロピルアルコール）
                       2-プロパノール
                    （i-プロピルアルコール）
```

ですから C の数が多いと，アルコールの異性体は，炭化水素よりずっと多くなります」

◆ さまざまなアルコール

「1-ヘキサデカノール（セチルアルコール）$C_{16}H_{33}OH$ のような C の多いアルコールは，高級アルコールといいます」
「では C の少ないのは"低級アルコール"ですか？」
「そうです。アルコールだけでなく，C の多い有機化合物は"高級"といわれます」
「C が何個から"高級"なんですか？」
「ふつう 6 個くらいからです」
「アルコールは高級と低級の 2 種類だけで，中級というのはないんですか？」
「"中級アルコール"とはいいません。しかし"1 価アルコール"，"2 価アルコール"という分類があります。これは 1 分子中の −OH の数に着目するのです。前にあげたのはみんな 1 価アルコールです。
　1 価以外では，たとえば次のようなものです」

2価アルコール

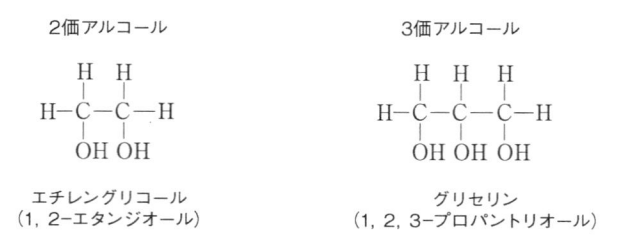

```
      H  H
      |  |
　H－C－C－H
      |  |
     OH OH
```

エチレングリコール
（1, 2-エタンジオール）

3価アルコール

```
      H  H  H
      |  |  |
　H－C－C－C－H
      |  |  |
     OH OH OH
```

グリセリン
（1, 2, 3-プロパントリオール）

「エチレングリコールとかグリセリンもアルコールなのですか？」

「そうですよ。

グリセリンは化粧品や歯磨きに入っています。歯磨きは甘いでしょう。－OH基には甘みがあるのです。エタノールは甘いとはいえませんが、エチレングリコールやグリセリンは甘い。グルコース（ブドウ糖）$C_6H_{12}O_6$ も、じつは5価アルコールなのです」

「では、Cがうんとたくさんあって、それにみんな－OHがついたら、すごく甘いんでしょうね」

「そう簡単には行きません。Cが多くなるにつれて水に溶けにくくなり、舌で甘みを感じられなくなりますから。まあ、甘さは砂糖 $C_{12}H_{22}O_{11}$ くらいで十分でしょう」

「わあ、ちょっと残念な気もする……」

「アルコールには、もう一つの分類法があります。

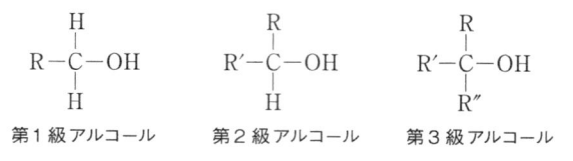

```
      H              R              R
      |              |              |
　R－C－OH     R'－C－OH      R'－C－OH
      |              |              |
      H              H              R''
```

第1級アルコール　　第2級アルコール　　第3級アルコール

つまり、－OHのついているCにHが2個つくか1個つくか、

V 炭化水素を徐々に酸化して得られる化合物

それともHがつかないかで，第1級，第2級，第3級に分ける分類法です。

　酸化すると第1級アルコールはアルデヒドに，第2級アルコールはケトンになります。第3級アルコールは酸化されにくい。また，メタノールはC原子が一つしかありませんが，酸化するとホルムアルデヒドになるので，一般に第1級アルコールに分類されます」

「わあ，ややこしいなあ」

「一口にアルコールといっても，こんなにいろいろあって，性質もまちまちです。でも代表はエタノールC_2H_5OHです。そこで，エタノールについて，少しくわしくお話ししましょう」

◆ アルコールの代表・エタノール

「エタノールは，昔からお酒として発酵によって製造されていました。最近，バイオ・エネルギーといって，トウモロコシやジャガイモなどのデンプンから，発酵法によってエタノールを作って自動車の燃料にすることが進められています。

　工業的には，石油から分留したエチレンに，リン酸触媒で水蒸気を付加させる方法によって作られています。

$$\underset{\text{エチレン}}{H_2C=CH_2} + \underset{\text{水蒸気}}{H-OH} \xrightarrow{\text{リン酸触媒}} \underset{\text{エタノール}}{H_3C-CH_2-OH}$$

　エタノールは，揮発性の高い，よく燃える液体ですね。ナトリウムNaを加えると$2C_2H_5OH + 2Na \rightarrow 2C_2H_5ONa + H_2$という反応で，$-OH$のHだけが置換されて$H_2$が出てきます。

　この反応は，ほかのアルコールでもおきますから，アルコー

ルであることを確認する手段になります。

　液体の試料の中にエタノールが混ざっているかどうかをみつけるには，ヨードホルム反応を試みます。水酸化ナトリウム水溶液 NaOH とヨウ素 I_2 を加えて温めるのです。エタノールが混ざっていると，ヨードホルム CHI_3 が沈殿します。これは黄色くて特有の臭気があるので，少しでもわかります。

　エタノールは，お酒として飲む以外にも燃料や溶剤として使われます。ただし燃料や溶剤に使うためにエタノールを買うのは，高くて損しますよ」
「えっ，どうしてですか？」

◆ "目散る" と "絵散る"

「エタノールには酒税がかけてあるからです。だから"変性アルコール"を買ってください。変性アルコールには，飲めないように，有毒なメタノールなどが混ぜてあります。そのため酒

"絵散る" と "目散る"

税がかからず，安いのです」
「メタノールは飲めないんですね」
「そうですよ。ところがね，私が若いころ，太平洋戦争が終わってまだ物のない時代でしたが，よく新聞に"殺人焼酎を飲んで死亡"などという記事が出ていました。変性アルコールで作った焼酎が売られていたのでしょう。

　メチルアルコール（メタノール）は有毒で，たくさん飲めば死に，少しでも目がつぶれる。それで"メチル（目散る）アルコール"だ，なんてしゃれがありました」
「うへー，"目が散る"でメチルですか。ではエチルアルコール（エタノール）は"絵が散る"で，酔っぱらうとまわりの景色がぐるぐる回って散りぢりになるというわけですね」
「一君，酔っぱらった経験があるのね！」
　理恵さんが恐い目でにらみました。
「いやいや，聞いた話だよ！」
「あはは。一君はそんな不良ではないと，私は信じています。
　それでは，お酒で酔っぱらったり，"絵が散ったりする"のは，アルコールが体内で酸化してできるアセトアルデヒドが原因ですから，そちらに話を進めましょう」

V-4 アルコールの酸化が進んだ化合物
——アルデヒドとケトンの仲間たち

◆ 樹脂の原料へ

「エタノールが酸化されると，アセトアルデヒドになるという話は前にしましたね（128ページ）。メタノールの場合は，ホルムアルデヒドになります。

$$H-\underset{H}{\overset{H}{C}}-O-H \xrightarrow[-H_2O]{+(O)} H-\overset{H}{C}=O$$

メタノール　　　　　　　　　　　　　ホルムアルデヒド

ホルムアルデヒドの水溶液がホルマリンです」
「ホルマリンなら僕に任せてください。フェノール樹脂を作るのに使いますから。

理恵さん，いつだったか実験室をのぞきに来て，涙をポロポロ出していたじゃないか。すごく刺激臭があるんですよね」
「そのとおりです。さらにホルムアルデヒドは，タンパク質を凝固させるので，防腐剤や消毒に使われます。メタノールを飲んで"目が散る"のも，時に死に至るのも，体内でホルムアルデヒドができるためです。

ホルムアルデヒドの使い道は，一君のやっているように合成樹脂の原料が多いですね。今はいろいろなプラスチックがありますが，元祖は，フェノールとホルマリンから作ったフェノール樹脂です。尿素樹脂やメラミン樹脂を作るのにも，ホルムアルデヒドが必要ですね」
「そうです。メラミン樹脂というのはね……」
「おっと，待った。一君が樹脂の話をしたい気持ちはわかるけど，今は我慢してもらって，アルデヒドの話をさせてください」
「はーい」

◆ 鏡の作り方

「そこで，アルデヒドの一般式を考えましょう。アルコールから，こんな反応でできる，といえますね。

V　炭化水素を徐々に酸化して得られる化合物

$$\text{R}-\underset{\underset{\text{H}}{|}}{\overset{\overset{\text{H}}{|}}{\text{C}}}-\text{O}-\text{H} \quad \xrightarrow[-\text{H}_2\text{O}]{+(\text{O})} \quad \text{R}-\underset{}{\overset{\overset{\text{H}}{|}}{\text{C}}}=\text{O}$$

　この−CHOをアルデヒド基といいます。これがついている化合物はアルデヒドの仲間で、たくさんあります。

　アルデヒド基は還元性があります。たとえばガラスの試験管やビーカーに、硝酸銀 $AgNO_3$ 水溶液とアンモニア NH_3 水の混合液（アンモニア性硝酸銀水溶液）を入れ、その中にアルデヒドを加えると、還元されてできた銀 Ag がガラスの試験管の内面について、きれいな鏡になります。これを銀鏡反応といいます」
「鏡はそうやって作るんですか？」
「原理的にはそうですが、実際には微妙な技術が必要です。実験してみるとわかりますが、同じようにやったつもりでも、硝酸銀水溶液にアンモニア水を加える量が微妙に違うだけで、銀膜にムラができたり、黒っぽいシマができます。色合いも白っぽかったり、青みをおびたりと、仕上がり具合が違ってしまいます。

　還元剤も、ホルマリンのように強いものではなく、グルコース（ブドウ糖）くらいの還元力がよいそうです。グルコースもアルデヒド基を持つので還元性を示します。鏡を作る会社では、糖液を何ヵ月も蓄えた秘伝の還元液を使うそうです。長く蓄えている間に微妙な変化がおきて、よい鏡のできる還元液になるのですね。

　お酒や醬油や味噌を造る反応についても同じで、まだ十分に解明されていない部分があります」
「では、鏡の製法だけでも、研究することがまだまだたくさんあるんですね」

◆ 第2級アルコールからできるのは？

「ところでアルコールに第1級アルコール，第2級アルコールという分類があったでしょう（134ページ）。アルデヒドができるのは，第1級アルコールからでしたね。では第2級アルコールではどういう反応になると思いますか？」

「第2級アルコールというと，こうでしょう。

$$\underset{H}{\overset{R'}{R-C-O-H}} \xrightarrow[-H_2O]{+(O)} \underset{}{\overset{R'}{R-C=O}}$$

……あれ，Hがなくなってしまいますよ。これでは間違いですか？」

「いや，正解です。つまり第1級アルコールは酸化すればアルデヒドになりますが，第2級アルコールはアルデヒドにはならないのです。この>C=Oという基は，カルボニル基(ケトン基)といって，これがついた化合物は，ケトンという仲間なのです」

「ケトン……？」

「ええ，いちばん簡単なケトンはアセトン CH_3COCH_3 です。

$$\underset{CH_3}{\overset{CH_3}{>}}C=O \quad \text{アセトン（ジメチルケトン）}$$

「あ，アセチレンをよく溶かすから，ボンベに入れると言っていたものですね（96ページ）」

「そうです」

「すると，アセトンは第2級アルコールの2-プロパノールの酸化でできるんですね」

V 炭化水素を徐々に酸化して得られる化合物

$$CH_3-\underset{OH}{\underset{|}{\overset{H}{\overset{|}{C}}}}-CH_3 \xrightarrow[-H_2O]{+(O)} CH_3-\underset{O}{\overset{\|}{C}}-CH_3$$

「そのとおり。工業的にはプロピレンから2-プロパノールを作り、それを酸化しています。かつては木材を乾留したときに出る液体（木酢液）に含まれる酢酸を石灰で中和して、酢酸カルシウムとし、それを熱して作りました。

$$(CH_3COO)_2Ca \longrightarrow CaCO_3 + \underset{CH_3}{\overset{CH_3}{>}}C=O$$

アセトンはペンキの溶剤などにも使われます」
「では、第3級アルコールでは何ができるんですか？」
「脱水される位置にもうHはありませんね。それで酸化されにくいし、もし酸化してRの中の別の−Hが−OHになれば、2価のアルコール（133ページ参照）になるでしょう？」
「ああ、なるほど！」
「ここでは2価アルコールではなく、アルデヒドがさらに酸化したものの話に進みましょう」
「すっぱくなった甘酒ですね」

V-5 お酢(酢酸)の仲間たち——カルボン酸

◆ "高級"な仲間たち

「アセトアルデヒドから酢酸ができたわけでしたが、これを一般式で考えてみましょう。

$$R-\overset{\overset{H}{|}}{C}=O \xrightarrow{+(O)} R-\overset{\overset{O-H}{|}}{C}=O$$

　この$-COOH$をカルボキシ基，これを持つ化合物をカルボン酸といいます。
　有機化合物は水には溶けないものが多く，溶けても電離しない（電気を通さない）ものが多いのですが，このカルボキシ基は電離します。

$$R-\underset{\overset{\|}{O}}{C}-O-H \longrightarrow R-\underset{\overset{\|}{O}}{C}-O^- + H^+$$

　このようにH^+を出すので，酸の仲間というわけです」
「Rはアルキル基でしょう？　するとやはりアルカンに相応するカルボン酸があるのですね」
「そうです。いちばん簡単なカルボン酸がギ酸 $HCOOH$，次が酢酸 CH_3COOH，さらにプロピオン酸 CH_3CH_2COOH というようにずっとあり，それらを脂肪酸といいます。油脂の中に，この仲間の高級脂肪酸があるからです。
　"高級"とはCが多いものをいいましたね（133ページ）。よくある高級脂肪酸は，

　　　パルミチン酸　　$C_{15}H_{31}COOH$
　　　ステアリン酸　　$C_{17}H_{35}COOH$
　　　オレイン酸　　　$C_{17}H_{33}COOH$
　　　リノール酸　　　$C_{17}H_{31}COOH$
　　　リノレン酸　　　$C_{17}H_{29}COOH$

　などです」

Ⅴ 炭化水素を徐々に酸化して得られる化合物

◆ さまざまな脂肪酸

「あれ,どうして C_{17} は同じなのに H の数は違うのですか？」

「$-C_nH_{2n+1}$ は二重結合のないアルキル基です。そのほかに二重結合が一つあるもの,二つあるもの,三つあるものがあるのです。二重結合を持つ脂肪酸は,不飽和脂肪酸といわれます」

「では,このリストではパルミチン酸とステアリン酸が飽和脂肪酸で,ほかは不飽和脂肪酸ですね」

「そのとおりです。

それから,アルコールに1価アルコール,2価アルコールなどがあったように,カルボン酸にもカルボキシ基-COOHの数によって1価,2価,……があります。1価のカルボン酸は酢酸やギ酸が代表ですが,2価のカルボン酸には次のようなものがあります」

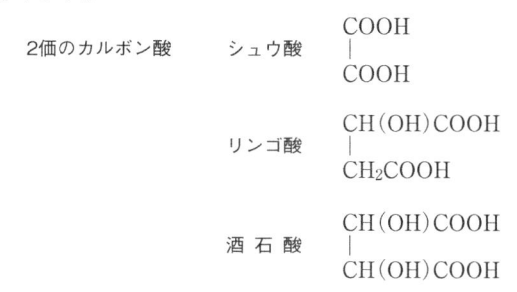

2価のカルボン酸　　シュウ酸　　COOH
　　　　　　　　　　　　　　　　|
　　　　　　　　　　　　　　　　COOH

　　　　　　　　　　リンゴ酸　　CH(OH)COOH
　　　　　　　　　　　　　　　　|
　　　　　　　　　　　　　　　　CH₂COOH

　　　　　　　　　　酒　石　酸　CH(OH)COOH
　　　　　　　　　　　　　　　　|
　　　　　　　　　　　　　　　　CH(OH)COOH

「あれ,リンゴ酸や酒石酸には-OH基もありますね。それではアルコールの仲間なんですか？」

「いいえ,アルコールの仲間ではありません。-COOH基と-OH基の両方を持つものは,ヒドロキシ酸とかオキシカルボン酸などと呼ばれています。果物のおいしい酸味は,このオキシカルボン酸のおかげなのですよ」

「じゃ,オ・イ・シ・カルボン酸ですね」

「あはは，うまいこと言いますね。

　薬になるカルボン酸もありますよ。ベンゼン環にカルボキシ基のついたもので，芳香族カルボン酸といいます。たとえば安息香酸，フタル酸，サリチル酸などです。芳香族については次にお話しします。

安息香酸　　　　フタル酸　　　　サリチル酸

　安息香酸は抗菌・防腐剤として使われます。フタル酸は塗料に使うアルキド樹脂の原料ですし，サリチル酸は，鎮痛消炎湿布薬になるサリチル酸メチルや解熱鎮痛剤のアスピリン（アセチルサリチル酸）の原料です。

　アセチルというのはアセチル基 CH_3CO- のことで，この薬は，酢酸という脂肪酸，それにサリチル酸という芳香族カルボン酸から作られるのです」
「えっ？　酸と酸が反応するんですか？」
「それを考えるために，次のグループに行きましょう」

VI アルコールやカルボン酸からできる化合物

VI-1 香りのよい仲間たち
——エーテルとエステル

◆ 30℃の差が生む違い

「前(84ページ)にエチレンを作るところで,エタノールに濃硫酸を加えて熱するとお話ししたことを覚えていますか? こんども同じですが,温度が違います。

$$\text{エタノール} \xrightarrow[160℃]{-H_2O} \text{エチレン}$$

$$\text{エタノール} + \text{エタノール} \xrightarrow[130℃]{-H_2O} \text{ジエチルエーテル}$$

エタノールに濃硫酸を加えて160℃くらいに加熱すると,エタノール1分子から水1分子が取れて,エチレンができます。

しかし130℃くらいの加熱では、エタノール2分子から水が1分子取れて、ジエチルエーテルができます」

「わあ、たった30℃の違いですか。ずいぶんデリケートなんですね」

「このように、−O−の橋で二つのアルキル基がつながった、R−O−R' という形の化合物をエーテルといいます」

◆ 対称形と非対称形

「RとR' というように、二つが違うアルキル基でもいいんですね？」

「むしろ、違うアルキル基のことのほうが多いですよ。違う場合を非対称エーテル、同じ場合を対称エーテルといいます」

「では非対称エーテルは、2種類のアルコールの混合物に濃硫酸を加え、それを加熱して作るのですか？」

「いいえ。非対称エーテルは、アルコールにナトリウム Na を反応させてできるナトリウムアルコキシド R−ONa と、炭化水素にハロゲンを働かせてできるハロゲン化アルキル R'−X とから作られます。

ハロゲンとは、フッ素 F・塩素 Cl・臭素 Br・ヨウ素 I など周期表で17族に属する元素の総称です。

一般式で書くと R−ONa + R'−X → R−O−R' + NaX となります。実際の例では、たとえば、こうなります」

$$C_2H_5ONa + CH_3Br \longrightarrow C_2H_5OCH_3 + NaBr$$

ナトリウム　　ブロモメタン　　　　エチルメチル　　臭化ナト
エトキシド　　（臭化メチル）　　　エーテル　　　　リウム

「ああ、なるほど」

Ⅵ　アルコールやカルボン酸からできる化合物

◆ エーテルの性質

「一般にエーテルは揮発しやすく,沸点がジメチルエーテルは－24.9℃,ジエチルエーテルは34.5℃です。水に溶けづらく,化学反応をしにくいのです」

「アルコールは,水にとてもよく溶けるのに,それからできるエーテルが水に溶けないなんて,不思議ですね」

「高級アルコールは水に溶けませんが,メタノールやエタノールはよく溶けます。これは,メタノールやエタノールの分子が水分子と形がとてもよく似ているため,水分子の間によく入りこめるからです。

```
        O                        O
       ╱ ╲                      ╱ ╲
      H   H                  CH₃   H
       水                      メタノール
```

すなわち－OHは水と親和性があり,化学反応をおこしやすい部分です。ところがRが大きくなると,－OHの性質よりもR－の性質が強くなります。エーテルにいたっては,－OHがありませんね」

「あ,なるほど」

「ジエチルエーテルは有機化合物の抽出に使う溶剤などとして使われます。また麻酔作用があり,かつては麻酔薬として用いられました」

◆ 果物の香り成分

「エーテルと同じように,揮発しやすく水に溶けにくい化合物に,エステルがあります。アスピリン(アセチルサリチル酸)もこの仲間です。

先ほど(144ページ),アスピリンが酢酸とサリチル酸から作られることに,一君が"酸と酸が反応するのですか?"と質

問しましたが，サリチル酸には−OHがあるので，これは酸とアルコールの反応なのです。

$$R-\underset{O}{C}{\overset{OH}{\vphantom{|}}} + H-O-R' \longrightarrow R-\underset{O}{C}{\overset{OR'}{\vphantom{|}}} + H_2O$$

このように，水分子が取れて二つの分子が結びつくのを，縮合といいましたね（42ページ）。

代表的なエステルは酢酸エチル $CH_3COOC_2H_5$ です。酢酸 CH_3COOH とエタノール C_2H_5OH に濃硫酸を加え，約60℃に熱すれば酢酸エチルができます。

$$CH_3COOH + C_2H_5OH \xrightarrow{約60℃} CH_3COOC_2H_5 + H_2O$$
酢酸エチル

エステルは，たとえば果物のような，よい香りがします。

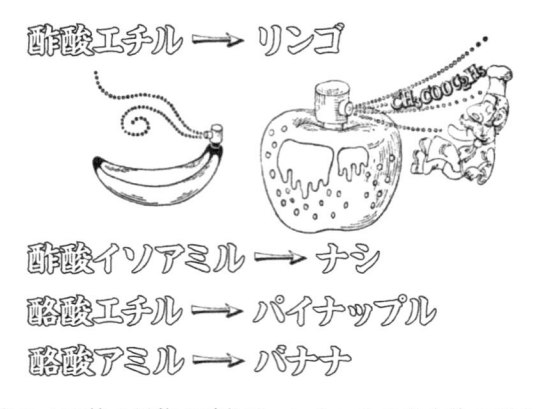

酢酸エチル ⟶ リンゴ

酢酸イソアミル ⟶ ナシ

酪酸エチル ⟶ パイナップル

酪酸アミル ⟶ バナナ

もちろん天然の果物の香りは，いろいろな化合物の混合したものですから，まったく同じとはいえませんが，人工香料としては使えます」

VI アルコールやカルボン酸からできる化合物

「わあ,すると,花の香りなんかも,みんなエステルですか?」
「くわしくは知りませんが,揮発性で香りのあるものには,アルコールやエーテル,エステルの仲間が多いので,それらが何種類も混じっているのでしょう。バラの香りはゲラニオールとかシトロネロールという高級アルコールだそうですし,ゲラニオールはお茶の香りにも含まれるといいますよ」
「私,化学をやるなら,一君のように目にしみるホルマリンなんかを使うものよりも,香りのよいものがいいな」
「それなら香水の化学はどうですか? 香水は,まだ人間が鼻でかいで調合するそうですから,化学の入る余地がありますよ」
「うーん,わるくないかも~!」

◆ 石鹸を作る反応

「話が脱線しないうちに元に戻しましょう。
　エステルはアルカリに弱くて,たとえば水酸化ナトリウム NaOH 水溶液を加えると RCOOR' + NaOH → RCOONa + R'OH という反応ですぐに分解されてしまいます。
　こういう反応をケン化といいます」
「ケン化なんて,字を見ないで言葉だけを聞くと,喧嘩みたいですね。どうしてこんな名前がついたんですか?」
「これは,石鹸を作る反応だからケン化なのです」
「まあ,すると石鹸もエステルなんですか?」
「いや,石鹸そのものはエステルではありません。原料がエステルなのです。ヘットやラードのような動物性脂肪も,ナタネ油やゴマ油のような脂肪油も(合わせて油脂という),高級脂肪酸とグリセリンという3価のアルコールのエステルです。
　C 原子が 15 も 17 もつながっている高級脂肪酸の炭化水素基を $-R_1$,$-R_2$,$-R_3$ と表すと,グリセリン $C_3H_5(OH)_3$ のエス

$$\begin{array}{c}H\\H-C-O-C-R_1\\|\quad\quad\|\\H\quad\quad O\\\\H-C-O-C-R_2\\|\quad\quad\|\\\quad\quad O\\\\H-C-O-C-R_3\\|\\H\end{array} + 3\text{NaOH} \longrightarrow \begin{array}{c}H\\H-C-OH\\H-C-OH\\H-C-OH\\|\\H\end{array} + \begin{array}{l}R_1\text{COONa}\\R_2\text{COONa}\\R_3\text{COONa}\end{array}$$

グリセリン　　　石鹸

テルは,上図左のようになります。

これを水酸化ナトリウム NaOH でケン化反応させると,同図右のようにグリセリンと高級脂肪酸ナトリウムができます。

この高級脂肪酸ナトリウムの混合物が石鹸です」

「原料の油脂には,どのような高級脂肪酸が含まれているんですか?」

「油脂は,数種類の高級脂肪酸のグリセリン・エステルの混合物です。『油脂化学便覧(第3版)』を調べてごらんなさい。たとえばナタネ油は,飽和脂肪酸(パルミチン酸,ステアリン酸)が3〜7%,不飽和脂肪酸のオレイン酸が12〜18%,リノール酸が12〜16%,リノレン酸が7〜9%となっていますね」

◆ 必要量の換算値

「表にある,ケン化価とかヨウ素価というのは何ですか?」

「油脂は混合物なので,ケン化に必要な水酸化ナトリウム NaOH の量(重さ)は,反応式から計算できません。そこで実験によって,油脂 1g を完全にケン化するのに必要な水酸化カリウム KOH の mg 数を決め,それを"ケン化価"としてあるのです。

VI　アルコールやカルボン酸からできる化合物

　ナタネ油のケン化価は 169 ～ 177 ですね。つまり，ナタネ油 1g をケン化するには，KOH が 169 ～ 177mg 必要ということなのです」
「ではヨウ素価はというのは？」
「100g の油脂中にある二重結合に付加するヨウ素 I_2 の g 数です。これは二重結合の量に比例する値になります」
「比例する？　あ，そうか！　二重結合 1 個に I_2 が 1 分子付加することでしょう。すると，えーと，えーと，I の原子量は 127 だから I_2 は 254。たとえばヨウ素価が 254 なら，ヨウ素が 1mol 付加することだから，二重結合も 100g の油の中に 1mol あるってことですね？」
「なるほど。"二重結合が 1mol" というのはおかしいけど，ともかく "二重結合が 6×10^{23} ヵ所ある" ことがわかったわけですね。ただし油脂は混合物なので分子量がわかりません。だから mol もわからないから，やはり実験値で決めたヨウ素価を使うしかないのです」
「残念！　我ながらうまいこと考えついたと思ったのに」
「いやいや，考えただけでも立派なものですよ。

　それで，ヨウ素価の大きい油脂は空気中に長く置くと，二重結合の部分が酸化され，隣の分子の二重結合との間に－O－の橋ができて，全体として分子が動けなくなって硬くなります。この性質を利用して，乾性油といってペンキの原料になります。

　もっとも今は，主に合成樹脂のペンキが使われていますね。これは固まった塗料を溶剤で溶かして塗り広げ，溶剤が揮発することで固めるものです」

◆ 遅く生まれた損と得

「あっ，ちょっと待ってください。ケン化価は，油脂 1g をケ

ン化するのに必要な"水酸化カリウム KOH の量"ですよね。実際に使うのは水酸化ナトリウム NaOH なのに、なぜ KOH の値になっているんですか?」

「たしかにケン化価は水酸化カリウム KOH での実験値です。だから実際に石鹸を作るときには、KOH を NaOH に換算しなくてはなりません。換算値は KOH と NaOH の式量の比 $\frac{40}{56}$ で、ケン化価 × 0.714 です。先ほどのナタネ油のケン化価なら (166 〜 177) × 0.714 で 119 〜 126mg/g くらいになります。

面倒ですが、昔の人がそのように決めてしまったのです。

NaOH は空中の水分を取り込んで、自然に水溶液に変わっていく性質(潮解性)があります。重さを量っている間にもどんどん吸湿して重くなっていってしまうので、正確に量りにくい。これに対して KOH なら、それほどむずかしくありません。おそらくそんな理由でしょうが、ともかく昔から決められているとあきらめてください。

ちなみに電流も"+から−に流れる"といいますが、実際には電子が−から+のほうに流れていることは、もう習ったでしょう? これも 18 世紀半ばに、ガラス棒を絹でこすったとき、ガラス棒に生まれる静電気を+、樹脂を毛皮でこすったとき、樹脂に生まれる静電気を−に、たまたまそう決めただけなのです。

電子の振る舞いが明らかになったのは 20 世紀に入ってからで、もし最初に+と−を反対に決めていたら、このような食い違いはなかったはずでしたが」

「わあ、遅く生まれるといろいろ損だな」

「いやいや、得なことも多いでしょう」

VI　アルコールやカルボン酸からできる化合物

◆ サリチル酸が反応する仕組み

「それはともかく，アセチルサリチル酸の話からエステルの話に入ったのでしたね（147ページ）。サリチル酸に戻って，その話をまとめてしまいましょう。

サリチル酸の構造式はこうです。

（構造式：ベンゼン環にOHとCOOH）

つまり，カルボキシ基－COOHとヒドロキシ基－OHの両方を持っているから，アルコールとも，カルボン酸とも反応してエステルを作ることができるのです」

「あ，なるほど」

「つまり，メタノールと反応するとこうなります。

（反応式）＋ CH_3OH ⟶ サリチル酸メチル ＋ H_2O

酢酸と反応させると，こうなります。

（反応式）＋ CH_3COOH ⟶ アセチルサリチル酸 ＋ H_2O

前にも言いましたが，サリチル酸メチルは鎮痛消炎湿布薬，アセチルサリチル酸は，アスピリンという商品名が化学名よりよく知られている解熱鎮痛剤です」

「わあ、薬って、案外簡単にできるんですねえ」

「いや、こんな簡単なものばかりではありません。もっと複雑なもののほうが多いのです。初等有機化学でできるのは、せいぜいこのへんだろうというわけですよ」

「はーい、僕らはまだ高校1年生。これからがんばります」

Ⅵ-2 ヒドロキシ基-OHがあっても酸性!?――フェノールの仲間たち

◆フェノールの性質

「ではいよいよ、一君が研究している樹脂の原料のフェノール C_6H_5OH の話に入りましょう」

「ええ、フェノールというのは、薄桃色のきれいな針状結晶です。でも紙の上に取り出せるようなものではなく、瓶の中で固まっている結晶です。

病院の消毒薬の臭いがして、手に触れると皮膚が白くなってしまいます。だから実験に使うときは、ウォーター・バスに瓶ごと漬けて温めて融かし、液体になったものを流し出します」

「一君はいつも扱っているだけあって、さすがによく知っていますね。フェノールは、融点が43℃で、少し温めると融けます。一君は薄桃色の結晶と言いましたが、純粋なものは無色です。空気に触れると、だんだん赤みを帯びて来るのです」

「そうです。瓶を開けた直後はほんの薄いピンク色ですが、実験を終わるころには、かなり濃くなります」

「触れると皮膚が白くなるのは、タンパク質を凝固させるからです。そのためフェノールは消毒にも使われています」

VI　アルコールやカルボン酸からできる化合物

◆ **−OHは両性**

「フェノールはサリチル酸と同じく，−OHがあるためアルコールとして働き，酸とエステルを作ります。ただし，これらのベンゼン環についた−OHは，アルキル基についている−OHとは違った性質を示します。水に溶けると，ほんのわずかですが電離してH^+を出す，つまり酸性を示すのです」

「え？　ということは−OHは無機化合物ではアルカリ性，アルコールでは中性，フェノールでは酸性を示すのですか？」

「そんなのおかしいわ。どうしてですか？」

どれにも OH があるのに

「そうですね，たとえばXに−OHがついてXOHとしましょう。もしXが電子を敬遠する性質があると，Xから離れた電子が−OHに移って，$XOH \rightarrow X^+ + OH^-$になる。つまりアルカリ性ですね。

　無機の水酸化物の場合，Xはたいてい金属ですが，金属は

＋イオンになる傾向があります。だから電子を－OHに渡してOH⁻ができるので,アルカリ性を示すのです」

　無機の酸にも,－OHのあるものが多いのですよ。

　しかしこの場合,中心となっているのが非金属元素で,電子を取り込む傾向があります。だから電子はその中心元素のほうにかたより,H^+が電離しやすいので酸性を示すのです」

$$H-O-N\begin{matrix}O\\\\O\end{matrix}\qquad\qquad H-O\diagdown S\diagup O\\H-O\diagup\quad\diagdown O$$

硝酸　　　　　　　　　　　硫酸

「金属元素の中には,亜鉛 Zn,アルミニウム Al,スズ Sn,鉛 Pb など,その酸化物が,酸があると塩基として働き,塩基があると酸としても反応する,両性元素がありますね?」
「ええ,たしかにあります。ただし両性元素の場合は,元素の性質よりも,置かれた環境の影響が強いのです。

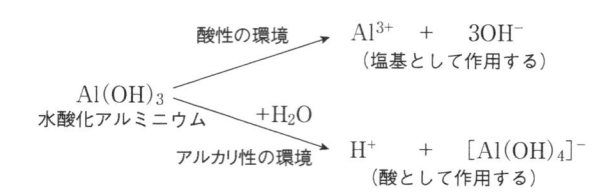

$$\text{Al(OH)}_3 \begin{matrix}\xrightarrow{\text{酸性の環境}} & \text{Al}^{3+} + 3\text{OH}^- \\ & \text{(塩基として作用する)} \\ \xrightarrow[\text{アルカリ性の環境}]{+H_2O} & H^+ + [\text{Al(OH)}_4]^- \\ & \text{(酸として作用する)}\end{matrix}$$

水酸化アルミニウム

では次に,ベンゼン環について考えてみましょう。

　ベンゼン環はCが六角形に並ぶ平面の上下に,π電子がリング状にあるのでしたね。この金属の自由電子に似た電子雲の中に,さらに電子を呼びこむ余地があると思ってください。それでベンゼン環についた－OHの電子が,ベンゼン環に入った

Ⅵ　アルコールやカルボン酸からできる化合物

とき，電子を失ったH^+ができるので，フェノールは酸性を示すのです。

具体的には，アルカリと中和して塩を作ります」

$$\text{C}_6\text{H}_5\text{OH} + \text{NaOH} \longrightarrow \text{C}_6\text{H}_5\text{ONa} + \text{H}_2\text{O}$$

　　　　　　　　　　　　　　　　　　　　ナトリウムフェノキシド

「そして相手が酸のときはエステルを作る。おもしろいですねえ。−OH と書くと，もう固定した枝のように思えますが，相手次第で違う振る舞いをするんですね」
「先生の前では小さくなって，女の子の前ではいい子ぶって，男の子の仲間内では一人前のワルみたいな口をきく人もいるわねえ！」
「女の中にだって……」
「まあまあ，お二人の喧嘩反応は別の場所でしてください」

◆ ベンゼンからフェノールを作る

「フェノールは石炭を乾留して出てくるコールタールの中にあります。しかし，一君の研究している樹脂の原料とか，火薬として使われるピクリン酸やナイロンの原料など，使い道が広いので，コールタールから採るだけでは間に合いません。それで，ベンゼンから合成されています。

ただし −OH を直接つけることができないので，回り道をします。こんな道筋です。

ベンゼン →(濃H_2SO_4)→ ベンゼンスルホン酸(SO_3H) →(NaOH 融解)→ ナトリウムフェノキシド(ONa) →(H^+ (CO_2を吹きこむ))→ フェノール(OH)

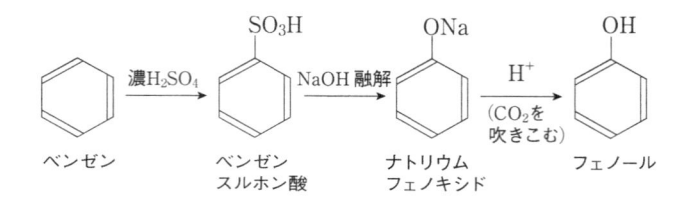

第1段階はベンゼン C_6H_6 に濃硫酸 H_2SO_4 を加えて加熱し、ベンゼンスルホン酸 $C_6H_5SO_3H$ を作る。第2段階はその $C_6H_5SO_3H$ に固体の水酸化ナトリウム NaOH を加え、熱して融解し、ナトリウムフェノキシド C_6H_5ONa にする。第3段階は、この C_6H_5ONa を水溶液にして、CO_2 を吹き込む。つまり炭酸という弱い酸で、さらに弱い酸であるフェノール C_6H_5OH を追い出すのです。

最近は、クロロベンゼン C_6H_5Cl から作る方法や、プロペン(プロピレン) C_3H_6 とベンゼン C_6H_6 からフェノールとアセトン CH_3COCH_3 を得る方法も行われています」

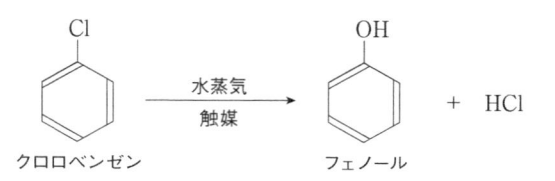

クロロベンゼン(Cl) →(水蒸気 触媒)→ フェノール(OH) + HCl

「むずかしくなって、私、わからなくなってきたわ」
「弱音をはくなよ、理恵さん。それより先生、有機化合物でアルカリになるものはないんですか?」
「では、もう1種類だけお話しして、一休みしましょう」

VI-3 窒素Nを含んだ化合物

「おしゃれな理恵さんは,家では制服を脱いで青や赤,緑といった美しい色合いの服を着るでしょう? その美しい色も,じつは合成染料のおかげです。

テレビや映画で,農民や下級武士の家の女の人たちまで美しい色の着物姿の時代劇がありますが,あれはウソでしょう。昔の庶民の着物はほとんどが紺一色だったはずです。合成染料が作られるようになったのは,ようやく19世紀中ごろですから。

それはともかく,この合成染料が一君の言う"有機のアルカリ"なのです。

ベンゼン C_6H_6 に濃硫酸 H_2SO_4 と濃硝酸 HNO_3 の混合液を加えて熱すると,黄色い油状のニトロベンゼン $C_6H_5NO_2$ ができます。

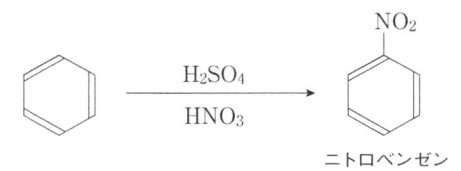

これをスズまたは鉄と,塩酸(反応で生じる,反応性に富む原子状水素)で還元すると,アニリン $C_6H_5NH_2$ になります。

このアニリンは H^+ を取り込むので有機の塩基です。つまり

水には溶けませんが、塩酸と反応すると、アニリン塩酸塩 $C_6H_5NH_3Cl$ という塩になって溶けるのです。

$$\underset{}{\text{C}_6\text{H}_5\text{NH}_2} + \text{HCl} \longrightarrow \underset{\text{アニリン塩酸塩}}{\text{C}_6\text{H}_5\text{NH}_3\text{Cl}}$$

アニリン塩酸塩は、繊維に染み込ませて酸化すると、アニリンブラックという不溶性の黒色染料となります。

またアニリン塩酸塩に亜硝酸ナトリウム $NaNO_2$ と塩酸 HCl を働かせると、塩化ベンゼンジアゾニウムができます。

$$\underset{}{\text{C}_6\text{H}_5\text{NH}_2} + \text{NaNO}_2 + 2\text{HCl} \longrightarrow \underset{\text{塩化ベンゼンジアゾニウム}}{\text{C}_6\text{H}_5\text{N}_2\text{Cl}} + \text{NaCl} + 2\text{H}_2\text{O}$$

これから出発して、いろいろな $-N=N-$（アゾ基）を持った化合物が得られます。これらはアゾ化合物と呼ばれ、色のあるものが多く、染料になるのです。pH 指示薬のメチルオレンジもその一種です。

——というところで一休みにしますが、ここで今まで出た化合物群を一覧表にしてみましょう」

VI アルコールやカルボン酸からできる化合物

官能基		一般名	一般式	代表的な化合物	
名称	化学式			名称	化学式
ヒドロキシ基	—OH	アルコール フェノール	R—OH	メタノール フェノール	CH₃OH, OH(C₆H₅)
アルデヒド基	—C(=O)H	アルデヒド	R—CHO	アセトアルデヒド	CH₃CHO
カルボキシ基	—C(=O)O—H	カルボン酸	R—COOH	酢酸	CH₃COOH
カルボニル基	>C=O	ケトン	R,R'>CO	アセトン	CH₃COCH₃
エーテル結合	—O—	エーテル	R—O—R'	ジエチルエーテル	C₂H₅—O—C₂H₅
エステル結合	—C(=O)O—	エステル	RCOOR'	酢酸エチル	CH₃COOC₂H₅
アミノ基	—NH₂	アミン	R—NH₂	アニリン	C₆H₅NH₂

Ⅵ〜1表 炭化水素の化合物一覧表

Ⅶ イソプレンの正体を探る

Ⅶ-1 分子の構造を調べる

◆ イソプレンの異性体を考える

「さて、イソプレンの正体をわかってもらおうと、有機化学の基礎を勉強してきましたが、あちこち寄り道したおかげで、思いがけず長くなってしまいましたね。そろそろ、本筋のイソプレンの構造を調べる話に戻りましょう」

「ああ、そうでしたね！」

「ではまず、今までの話から、イソプレン C_5H_8 には、どんな異性体があるのかを考えてごらんなさい」

おじさん博士に言われて、一君と理恵さんが考えたものをまとめてみると次ページⅦ～1図になりました。

「うーん、全部で17種類ですか。たくさんみつけましたが、じつはまだまだありますよ。でも、基礎を学んでいるうちは、これで十分でしょう。

異性体は、二重結合が2個あるジエン系と、三重結合が1個あるアルキン系、そして環状のアルケンで二重結合が1個あるシクロアルケン系などに、大きく分けられますね。だからまずどのグループに属するかを調べ、それから各個別に考えてみなくてはなりません。これはなかなかの難問ですよ。

といっても最近は、よい装置があって簡単に調べられます。

Ⅶ〜1図　C₅H₈の異性体の例

Ⅶ イソプレンの正体を探る

だけど, それでは勉強になりません。そこで一昔前の方法をお話しすることにしましょう」

◆ 構造決定の方法

「たいていの教科書に, 構造式決定の代表例として, エタノールとジメチルエーテルを区別することが出ていますね。どちらも分子式は同じで C_2H_6O ですが, 構造式は違います。

$$\begin{array}{cc} \text{H} & \text{H} \\ | & | \\ \text{H}-\text{C}-\text{C}-\text{O}-\text{H} \\ | & | \\ \text{H} & \text{H} \end{array} \qquad \begin{array}{cc} \text{H} & \text{H} \\ | & | \\ \text{H}-\text{C}-\text{O}-\text{C}-\text{H} \\ | & | \\ \text{H} & \text{H} \end{array}$$

エタノール　　　　　　　　　ジメチルエーテル

一般にアルコールとエーテルは簡単に見分けられます。それは, ピペットで試料を少し採り, 水を入れた試験管に垂らすのです。アルコールはすぐ一様になりますが, エーテルは2層に分かれてしまいます。アルコールは水によく溶けるのに対して, エーテルはほとんど溶けないからです。

このような物理的方法でなく, 化学的に見分けるには, ナトリウム Na を加えるのです。Na はすぐに $-$OH 基と反応し, $2C_2H_5OH + 2Na \rightarrow 2C_2H_5ONa + H_2$ で水素 H_2 を出します。ところがエーテルは Na と反応しません。つまり Na という試薬によって, $-$OH 基のあることがわかります。

このように, その物質の一部が示す特有の反応を手がかりに構造を調べていくのです」
「ああ, なるほど。クラシックが好きかジャズが好きか, CDをかけてみればわかる, というようなものですね」
「ええ, まあそういうことです」

◆ 炭化水素の見分け方

「では問題を出しますよ」

　問題：いずれも無色の気体の炭化水素であるエタン,エチレン,アセチレンを化学的に見分けるには,どうしたらよいか？

〈一君の答え〉
1. 臭素水 Br_2（褐色）に通してみる。臭素水を脱色しないのがエタン。
2. 残りの二つのうち,硝酸銀水溶液にアンモニア水を加えたアンモニア性硝酸銀水溶液（$[Ag(NH_3)_2]^+$を含む）を通して,白色の沈殿（銀アセチリド）ができるのがアセチレン,できないのがエチレン。

〈理恵さんの答え〉
1. アンモニア性塩化銅（Ⅰ）水溶液に通して,赤褐色の沈殿（銅アセチリド）ができるのがアセチレン。
2. 残りの二つに塩素を混ぜて反応させ,それにアンモニアを近づける。白煙の出るのがエタン,出ないのがエチレン。

「なるほど,二人ともよく考えましたね。アセチレンが銀や銅と化合して沈殿を作るという点は,二人とも共通ですね。あとのエタンとエチレンを見分けるのにも,同じく付加反応を使いましたが,一君は臭素水,理恵さんは塩素で行った。
　理恵さん,アンモニアを近づけると,どうして白煙が出るのかな？」
「エタンは置換反応だから,塩化水素が出るはずでしょう。塩化水素はアンモニアと触れると白煙が出る」

「あ，そうか，すごい。よく考えついたなあ」
「たしかによく考えましたね。しかし，実際の実験では，一君のやり方のほうが楽で確実ですね。気体の塩素を使うよりも，臭素水のほうが扱いやすいでしょう」
「わあ，やっぱり実験は一君のほうが一枚上手ね」

◆ 異性体の見分け方

「では次に行きますよ。こんどは異性体の見分け方です」

問題：C_5H_{10} という分子式の物質がある。これがペンテンなのか，シクロペンタンなのかを見分ける方法は？

「これは，ペンテンには二重結合があり，シクロペンタンは飽和炭化水素だから，薄黄色の臭素水に通せばわかるのでは？ 臭素水が脱色するのがペンテンです」
「正解です。ではイソプレンの C_5H_8 に挑戦してみましょう」

Ⅶ-2 いよいよ C_5H_8 に挑戦する

◆ 二重結合と三重結合の見分け方

「わあ，こんどは二重結合と三重結合の見分け方ですね」
「あら，それは簡単でしょう。だって三重結合は銀アセチリドや銅アセチリドの沈殿を作る，二重結合は作らない。それで見分けられるんじゃありませんか？」
「学校で習う化学ではそれでよいかもしれませんが，実際にはそんなにうまく行くとは限りません。

アセチレンの三重結合があるCについているHは，H^+ として離れやすい，いわば酸性的水素です。だから金属と置き換

わって、銀アセチリドなどの沈殿を作る。これに対してエチレンの二重結合のCについているHは、そういう性質を示さない。先の（164ページ）Ⅶ～1図にあげたC_5H_8の異性体⑦と⑨は、それで見分けられます。

しかし⑧はちょっと具合がわるい。⑧の構造式の三重結合のCには、Hがついていないでしょう。三重結合の反対側にメチル基がついているからです。だから、金属と反応することは期待できません」

「わあ、それは困りましたね」

「幸い三重結合には、二重結合より付加しやすい反応があるので、それを利用します。たとえばアルカリの触媒でアルコールを付加反応させると、エーテルの仲間ができます。

$$H-C\equiv C-H \ + \ ROH \longrightarrow H-\overset{H}{\underset{|}{C}}=\overset{H}{\underset{|}{C}}-OR$$

それから、硫酸パラジウム溶液$PdSO_4$とモリブデン酸アンモニウム溶液$(NH_4)_6Mo_7O_{24}$を純白色のシリカゲルに吸着させた検知管もあります。これにアセチレンの仲間を通すと、$(NH_4)_6Mo_7O_{24}$が還元され、モリブデン青と呼ばれる青色になるので、三重結合が簡単に検出できるのです。

こうした反応を使って、三重結合をみつけます」

「ふう～、やっぱり有機化学ってむずかしいですね」

「このあたりは大学で勉強することですから、今はそんなこともあるのかと思っていれば十分ですよ」

◆ 共役二重結合のみつけ方

「次に、共役二重結合をみつける方法です。

共役二重結合とは、先のⅦ～1図②のように二重結合・単結

Ⅶ　イソプレンの正体を探る

合・二重結合（>C = C − C = C<）とつながる構造です。共役二重結合と無水マレイン酸 $C_4H_2O_3$ が反応することを利用した，ディールス・アルダー反応（ジエン反応）でみつけます。

　これは濃度が正確にわかっている無水マレイン酸のアセトン溶液を，試料に一定量加えて反応させ，反応後に残ったマレイン酸を 0.1mol/L の水酸化ナトリウム水溶液で滴定して，反応した無水マレイン酸の量を知ります。これによって，試料中の共役二重結合の量を正確に知るという方法です」
「何だかむずかしいけど，便利な方法があるのですね」
「ええ。でも今は，共役二重結合を知る方法がある，とだけ覚えておけばいいですよ」

◆ イソプレンの構造式

「さて，問題のイソプレンについて，このディールス・アルダー反応を試みると，陽性です。つまり共役二重結合があることがわかる」
「僕たちがみつけた C_5H_8 の異性体（166ページ）の中で，共役二重結合のあるのは②と⑥ですが，この二つはどうやって見分けるんですか？」
「じつは，この二つを化学的に分離分析するのはたいへんにむずかしいのです。本当ならすべての異性体について，その化学的な分析方法をお話しすべきですが，正直に言うと，私も全部は知らないのです」
「あらら，そうなんですか!?」
「ゴムの主成分がイソプレンの重合体だと最初に推定したのは，ハリースという人で1904年のことです。生ゴムにオゾンを作用させてできる物質を調べて考えたそうですが，たいへん苦労したことでしょう。

幸い今では、ガスクロマトグラフィーという方法で、簡単に見分けられます。その方法についてお話しする前に、ともかく、イソプレンはこのような構造だとわかったとしましょう。

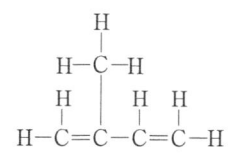

$$
\begin{array}{c}
\text{H} \\
| \\
\text{H}-\text{C}-\text{H} \\
\text{H} \quad | \quad \text{H} \quad \text{H} \\
| \quad\quad | \quad\quad | \quad\quad | \\
\text{H}-\text{C}=\text{C}-\text{C}=\text{C}-\text{H}
\end{array}
$$

つまり、2-メチル-1,3-ブタジエンですね」

Ⅶ-3 最強の分析機器──クロマトグラフィー

◆ 分析の古典的手法

「さあ、これでイソプレンの構造がわかりましたが、またまた少し横道に入りますよ。それは近年たいへんに発達した、物理的な方法で化合物の構造を調べる装置のことです。これは一君が化学者になったら、必ず使う装置だと思います。

今までお話ししてきた化学的な方法というのは、一口で言えば化学反応を利用して確かめていくのですね。何かの試薬を加えて、それと特別な反応をする官能基なり結合をみつけていく。たとえば−OH基のHは、ナトリウムNaによって追い出されるとか、三重結合のCについているHも金属と置き換わるとかいったものです。このほか、試薬によって試料の一部を切り取って調べるなどの方法もあります。

それに対して、物理的な測定で調べていく方法もあります。沸点や融点を測定したり、比重や光の屈折率などを測定したりする方法です。

Ⅶ　イソプレンの正体を探る

　これらの化学的・物理的手法は昔から行われてきました。しかし近年発達した方法は，もっと直接的です。そのいくつかについて，おおよそのところをお話ししておきます」

◆ 木の葉はなぜ緑色なのか？
「突然ですが，木の葉はなぜ緑色なのでしょうか？」
「どうしてって……葉緑素を持っているからでしょう」
「葉緑素を持っていれば，なぜ緑色なのですか？」
「葉緑素が緑色だからではありませんか」
「あはは。少し意地わるく質問しますが，では葉緑素はどうして緑色なのですか？」
「どうしてって……あ，わかりました。葉緑素は緑色の光を反射するからでしょう？」
「そうですね。では，太陽の光を受けて，緑色の光を反射するというのは，どういうことでしょうか？」
「太陽光に含まれる7色の光の中から，緑以外の光は吸収してしまい，緑色の光だけを反射するということです」
「そういうことですね。補色とか余色といいますが，両者が混じると白色光になる光の色がある。緑の補色は赤ですから，葉緑素は赤系統の色を吸収しているということになります」

　そう言いながら，おじさん博士は，試薬瓶を2本持ってきて，その1本から空色の結晶を紙の上に出しました。

◆ 物質は特有の色の光を吸収する
「さあ，これが何の結晶だかわかりますか？」
「あ，見たことある」
「えーと，そう，硫酸銅（Ⅱ）の結晶よ」
「そうですね」

おじさん博士は,もう1本から薄緑の結晶を出して開きました。

「では,これは?」

こんどは二人とも首をかしげています。

「これは淡い色で,硫酸銅ほどはっきりしないかな。硫酸鉄(Ⅱ)の結晶です。

このように,薬品の取り扱いに慣れると,色や形を見ただけで,それが何かわかるようになります。

たとえば橙赤色の板状の結晶なら二クロム酸カリウム $K_2Cr_2O_7$ だとか,黄色の結晶または粉末なら,ヘキサシアノ鉄(Ⅱ)酸カリウム $K_4[Fe(CN)_6]$ だとか,長年化学をやってきた人ならほとんど一目でわかります。

つまり物質は,その物質に特有の色を持っているということです。逆を言えば,特有の色の光を吸収するのです」

◆ 光のスペクトル分析

「ガスバーナーの無色の炎の中に,食塩水 NaCl をつけた白金線を入れると,炎が黄色になるのは知っていますね? 炎色反応といいます。あれはナトリウム Na に特有の色です。

白熱電灯の光を,この Na の黄色い炎に通し,プリズムでスペクトルにすると,黄色のところに暗線が見えます」

「ああ,太陽光のスペクトルの中のフラウンホーファー線と同じものですね」

「そうです。つまりナトリウムの蒸気を含んで黄色くなった炎は,より高温の物体から出る光の中から,黄色い光を吸収してしまい,スペクトルは黄色の部分が暗くなります。

これを暗線とか吸収線といい,それがある位置によって,含まれる元素がわかります。

Ⅶ　イソプレンの正体を探る

ナトリウムの暗線スペクトル

　このようにして元素を調べる方法は、スペクトル分析と呼ばれ、可視光線だけでなく、赤外線や紫外線など目に見えない光にまで広げて考えることができます」

◆ 赤外線によるスペクトル分析

　「問題の二重結合や三重結合をスペクトル分析するには、赤外線領域がよいのです。赤外線吸収スペクトル分析法（IR法：Infrared absorption spectroscopy）と呼ばれています。

　IR法では、まず試料を四塩化炭素 CCl_4 や二硫化炭素 CS_2 の溶媒に溶かし、食塩 NaCl や臭化カリウム KBr で作ったセル（小容器）に入れます。これに赤外線を当てて、通過光を赤外線スペクトルとし、赤外線に感光するフィルムで撮影すると、そこに試料によって吸収された線が現れます。

　試料の中に三重結合があって、それが分子末端のときは $2140 \sim 2100 cm^{-1}$（1cm の中に波数が $2140 \sim 2100$ ある）の波長のところに吸収線が見られます。三重結合が末端ではないときには、$2260 \sim 2190 cm^{-1}$ のところに吸収線が見られます。

　IR法を使えば、先ほど（164ページⅦ〜1図）の C_5H_8 の異性体の⑦と⑧は、すぐ区別できるわけです」

「便利なものですね」

「ええ、このIR法によると、二重結合や三重結合、そして多くの官能基の存在が短時間で判定できるのです」

◆ NMR 分析法

「しかし IR 法も万能ではありません。たとえば >C=O という官能基のあることはわかりますが,それがケトンか,アルデヒドかエステルかは区別できません。

$$\mathrm{CH_3} \diagdown \atop \mathrm{CH_3} \diagup \mathrm{C=O}$$
ケトン

$$\mathrm{CH_3} \diagdown \atop \mathrm{H} \diagup \mathrm{C=O}$$
アルデヒド

$$\mathrm{CH_3} \diagdown \atop \mathrm{RO} \diagup \mathrm{C=O}$$
エステル

そこで,核磁気共鳴スペクトル分析法(NMR:Nuclear Magnetic Resonance)という方法を用います。

これは強力な磁場の中に試料を置いて,IR 法と同じように吸収線を調べるのです。といってもフィルムに暗線として現れるのではなく,周波数ごとの強度としてグラフ化したデータとして表現されます。これによって >C=O に結びついているのが -CH$_3$ か -H か -OR か,区別できるわけです」

「では,IR 法と NMR 法を組み合わせればいいわけですね」

「そうです。実際にも,いくつかの方法で迫って結論を出すのです」

◆ 質量分析法

「もう一つの方法も紹介しておきますか。それは,質量分析法(MS:Mass Spectrometry)というのです」

「あ,質量分析法というのは聞いたことあります」

「そうでしょう。同位体(同位元素)のところでではありませんか?」

「あ,そう,そうです。放電管の中で原子をイオン化させて,陰極に向かう + イオンの流れを磁場で曲げると,質量の大きいものほど曲がりにくいので,区別できるのだったと思います」

VII　イソプレンの正体を探る

「そうですね。最初は同位体を見分ける方法として出発しました。それを今は、化合物の分析に幅広く応用しています。

試料の化合物を気化させ、それに高エネルギーの電子の流れをぶつける。電子に衝突された化合物の分子が、いくつかの＋イオンの破片になります。この＋イオンの破片を電場によって−方向への流れにし、それを磁場によって曲げる。すると、質量によって曲げられ方が異なるので、その破片の式量、そこから破片の化学式が求められるのです」

「ええと……、もう少しくわしく話してください」

「いちばん簡単な有機化合物のメタン CH_4 で考えてみましょう。メタンに電子線を当てると、壊れてできる破片は H、CH_3、CH_2、CH、C の 5 種類が考えられますね。この 5 種の割合から、統計的に、元の分子は CH_4 であろうと推理できるわけです」

「わあ、MS 法って、断片から元の絵を復元するジグソーパズルみたいですね！」

「それはおもしろい発想ですね。まあ、このような方法をいくつか組み合わせると、もっと複雑な化合物でも構造が求められるわけです」

「それにしても、化学分析の進歩はすごいものですね」

「ええ、昔の化学的な方法では、ビタミンとかタンパク質の構造なども、一人の学者が一生かかって取り組むような問題でした。それが今では、こうした一連のデータ処理もコンピュータがあっという間に処理してくれるので、実験助手さんに短い日時でデータを出してもらえるのです」

「化学の進歩は加速度的なのですね」

「そうです。さあ、これで、イソプレンの構造が決定できたことになります」

Ⅷ 再び，ゴムは
  どうして伸びるのか

Ⅷ-1 物質の形は分子の形に関係する!?

◆ ゴムにはバネが隠れている

「さあ，ゴムの成分がイソプレンの重合体（ポリイソプレン）であり，その構造式がわかったところで，最初に戻って，輪ゴムについて考えてみましょう。

ご覧のように，輪ゴムはずいぶんよく伸びます。元の長さの5倍は伸びていますね。この，よく伸びる性質の秘密が，成分であるイソプレンまたはポリイソプレンの中にあるのはたしかですが，どうしてこんなによく伸びるのだと思いますか？」
「ええと……」
「日常生活で目に触れるもので，ゴム以外によく伸びたり縮んだりするものはありませんか？」
「あ，あります，あります。スプリング（バネ）です。あの針金を巻いて作った，バネ秤なんかに使う」
「そうですね。針金そのままではほとんど伸びませんが，巻いてスプリングにすると，よく伸びますね。

次ページⅧ～1図①がスプリングですね。このほか，②のように折り畳んだり，③のように折り曲げたりした針金でも，引っ張ると伸び，放すと元どおりに縮みます。つまり，部分，部分ではほんの少し伸び縮みするだけですが，全体としてはとても

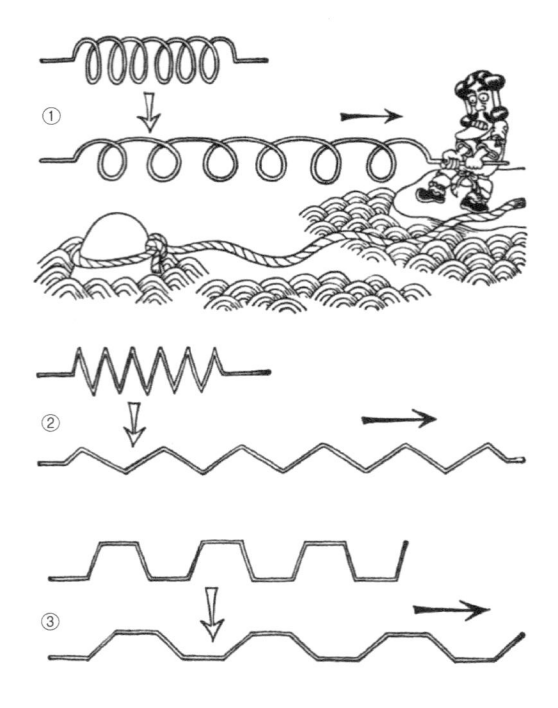

Ⅷ〜1図 スプリングの伸び方

大きく伸び縮みできるわけです。ゴムの中にも,このようなメカニズムがあると考えればよいでしょう」
「え? でも,ゴムは見たところ一様な物質で,スプリングがあるとは考えられませんが?」
「たしかに肉眼的にはありません。でも分子レベルではどうでしょうか?」
「分子って小さいでしょう。たとえ一つの分子がスプリングに

VIII 再び，ゴムはどうして伸びるのか

なっていたとしても，その伸び縮みはごく小さくて，何十 cm も伸びることはできそうにありません」

「あ，一君，そんなことないわ。1本で1cm伸びるバネを2本つなげば2cm伸びるでしょう？　だったら，小さい分子も何千何万とつながれば，何十 cm だって伸びるわよ」

「そうかなあ。このゴムの分子がそんなに規則正しく並んでいるのかなあ……」

◆ 見えない分子が見える性質を決めている

「一君が信じられない気持ちもわからなくはありません。しかし，目に見えるマクロの世界の性質が，ミクロの世界の性質によることは，しばしばあります。

　たとえば食塩 NaCl の結晶をうまく作ると，立方体になることは習ったでしょう？」

「はい。あれはナトリウムイオン Na^+ と塩化物イオン Cl^- が一つ置きに並んで立方体を作るためでした。そういえば2個の Na^+ と2個の Cl^- の作るミニ立方体が集まって，目に見える大きな結晶になるんでしたね」

「そう。ほかにも，たとえば雪の結晶が六角形なのも，水分子の H–O–H のつながりが，一直線ではなく 104.5° をなすというミクロの性質が関係しています（62ページ参照）。

　私が子どものころは，電灯のソケットの中の絶縁板として雲母板が使われていました。それを取り出して，薄くはぐのがおもしろくて，よくやったものです。つまり，雲母は結晶が平面状に並んでいて，その平面状の結晶が積み重なっている構造なのですね。だから，肉眼的にはいくらでも薄くはがれる。

　それから，今，理恵さんのはいている白い靴下は木綿でしょう？　木綿つまり綿の繊維は，セルロースの細長い分子が同じ

方向に並んでいるので糸状です。ところが同じセルロース分子でも、木材の中では同じ方向に並んでいない。四方八方上下左右入り組んで、その間をリグニンという成分ががっちり固めています。だからそのままでは繊維として使えません。そこで薬品を使ってリグニンを溶かし、セルロース分子をバラバラにした溶液にします。この溶液を細い穴から引き出して溶剤を取り除くと、セルロース分子が糸状に並ぶのです。こうしてできたのがレーヨンです。

このように、分子の形とその集まり方によって、物質の性質は違ってくるわけです」

「では、木綿のセルロース分子も、木材のセルロース分子も、1個の分子を取り出してみたら同じなのですか？」

「そう思ってよいでしょう。正確に言えば、セルロース分子 $(C_6H_{10}O_5)_n$ の n の大きさが多少違うかもしれませんが」

Ⅷ-2 ポリエチレンのできるメカニズム

◆ エチレンの重合反応

「2個のグルコース分子が縮合してマルトース分子ができ、さらに縮合して、デンプンができると話しましたね（42ページ）。

その際には2個のグルコース分子の間から水分子が1個取れて、－O－の橋でつながるのでしたね。縮合の場合は、このように取れるものがあるのですが、エチレンの場合は取れるものはありません。エチレンの重合について、そのメカニズムを考えてみましょう。

エチレンの分子が、隣のエチレンの分子と結びつくのには、何らかの方法で二重結合の一方を切らなくてはならない。そこ

VIII 再び，ゴムはどうして伸びるのか

①
$$C=C$$ (H H / H H)

②
$$X-C-C\cdot \quad C=C$$

③
$$X-C-C-C-C\cdot \quad C=C$$

④
$$X-C-C-C-C-C-C\cdot$$

⑤
$$X-C-C-C-\cdots-C-C-X$$
数千

VIII〜2図　エチレンの重合

で過酸化ベンゾイル($C_6H_5COO)_2$などの重合開始剤を使います。これは不安定でラジカル（遊離基）を生じやすい物質です。

　VIII〜2図で重合開始剤をXとします。エチレンの分子（同図①）に，ラジカルとなったX・がぶつかると，その二重結合を開いて別のラジカルを作ります（同図②左）。これが次のエ

チレン分子（同図②右）と反応して，C原子が4個つながったラジカルができる（同図③左）。

このような反応を続けて，何百何千というCの鎖ができていき（同図④），そのもう一方の端に別のX·がつくと，反応は止まります（同図⑤）。

$$\left[\begin{array}{cc} \mathrm{H} & \mathrm{H} \\ | & | \\ -\mathrm{C}-\mathrm{C}- \\ | & | \\ \mathrm{H} & \mathrm{H} \end{array} \right]_n$$

こうしてできたのがポリエチレンで，上のような一般式で表せます。XがHになればアルカンです」

◆ 燃えるとなぜススが出るのか

「Cが何千もつながると，端はXでもHでもあまり変わりありません。だからポリエチレンに火をつけると，ロウソクが融けて燃えるのとよく似た燃え方をします。パラフィンロウソクよりもポリエチレンのほうがCの数がずっと多いので，ロウソクよりも高い温度でないと融けませんが」

「ポリエチレン（$-\mathrm{CH}_2-\mathrm{CH}_2-$）$_n$ は燃えるときにススが出ないと聞きました。パラフィン（アルカン）$\mathrm{C}_n\mathrm{H}_{2n+2}$ と同じで，Cに比べてHが多いからですね？」

「そうです。それに対してたとえばポリスチレン（ポリスチロール）などは，ベンゼン環が入っていて，原子数の比でC：Hが1：1とCが多い。だから燃えるときはススをたくさん出します。

ポリスチレンは住宅の断熱材などによく使われています。そのため，万一，火災になると，ススが大量に混じった黒煙をもうもうと上げることになります。

Ⅷ 再び，ゴムはどうして伸びるのか

ではいよいよ，イソプレンがスプリングになる理由を考えてみましょう」

Ⅷ-3 ゴム分子がスプリングになるわけ

◆ イソプレンの重合反応

「構造式からわかるように，イソプレンには二重結合が2個あります。

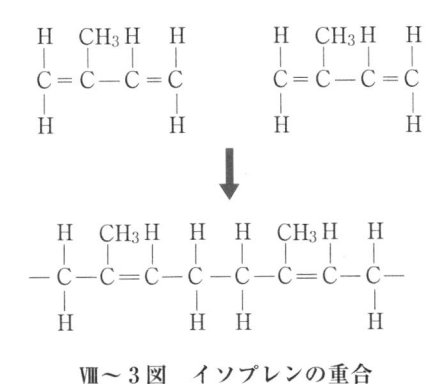

$$
\begin{array}{cc}
\text{H}\text{CH}_3\text{H}\text{H} & \text{H}\text{CH}_3\text{H}\text{H} \\
\text{C}=\text{C}-\text{C}=\text{C} & \text{C}=\text{C}-\text{C}=\text{C} \\
\text{H}\text{H} & \text{H}\text{H}
\end{array}
$$

↓

$$
-\text{C}-\text{C}=\text{C}-\text{C}-\text{C}-\text{C}=\text{C}-\text{C}-
$$

Ⅷ～3図　イソプレンの重合

　重合するときには1個の二重結合が開いて，もう1個は中央に移ります（Ⅷ～3図）」
「あ，そうすると，ポリイソプレンの中には，まだ二重結合があるんですね」
「そうです。ポリエチレンの場合は，アルカンと同じようにCは全部単結合でつながりますが，ポリイソプレンでは4個おきに二重結合があります。

さあ，二重結合の両端のCに何かがつくとき，トランクを肩にかついだトランス形と，両手にさげるシス形のあったことを思い出してください（86ページ）。

① シス-1,4重合（天然ゴム）

② トランス-1,4重合（グッタペルカ）

Ⅷ～4図　ポリイソプレンの二つの結合構造

ポリイソプレンの二重結合についても同じことが考えられます。シス形につながっていく場合（Ⅷ～4図①）と，トランス形につながっていく場合（同図②）です」
「ああ，そうですね」

◆ イソプレンの異性体

「天然ゴムはシス形です。そしてトランス形の分子の構造を持つのがグッタペルカ（Gutta Percha：ガタパーチャともいう）です。

　天然ゴムは南米原産のゴムの木の樹脂ですが，グッタペルカ

VIII 再び，ゴムはどうして伸びるのか

は，東南アジア原産の木の樹液から採れる樹脂状物質（ペルカゴム）です。

　ペルカゴムは，空気中では酸化されやすいのですが，水中ではほとんど変質せず，高い絶縁性を持つことから，かつては海底電線の被覆材として使われていました。現在では，ゴルフボールの外皮や歯科医療の根管充填剤として用いられています」
「グッタペルカの成分も，ポリイソプレンなのですね？」
「そうです。異性体です。

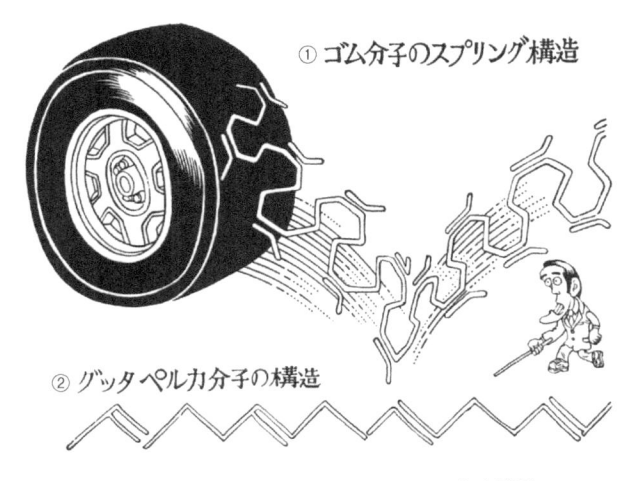

① **ゴム分子のスプリング構造**

② **グッタペルカ分子の構造**

VIII～5図　ゴムとグッタペルカの分子構造

　二つの構造をCやHを抜かして，つながりだけで描いてみるとVIII～5図のようになります」
「ゴム分子は，まさに折り畳み式のスプリングですね」
「そう，178ページのVIII～1図の②と③を混ぜた形です」
「それで，ゴム分子は引っ張るとよく伸びるわけなんですね」

「ええ。そして力を抜くと,元の形に戻る。そういうミニ・スプリングがたくさん集まってできているので,ゴムはよく伸び縮みするのです」

「同じくイソプレンからできていても,グッタペルカは伸びないんですか？」

「少しは伸びるけど,ゴムにはとても及びません。この構造模型でも,その理由がわかるでしょう？」

「そうですね」

◆Ｘ線でゴムを見る

「あれえ,ちょっと待ってくださいよ。そういうミニ・スプリングが並んでいるとしたら,一方向にはよく伸びるけれど,それと直角方向には伸びないはずでしょう？ でもゴム風船は,どんな方向にも伸びるじゃありませんか」

「ゴムの中では,分子は木綿繊維のセルロース分子のように一方向に規則正しく並んではいない。むしろ木材のセルロース分子のように乱雑に並んでいるからでしょう。

そのことを示すこんな実験があります。ゴムを伸ばさない状態と伸ばした状態で,それぞれＸ線写真を撮ります。

このようにはっきり違いが見られます（Ⅷ〜６図)」

「これって,どういうことですか？」

「イオンや分子が規則正しく並んでいる物質,つまり結晶体のＸ線写真を撮ると,ラウエの斑点という,点々のある映像が写るのです。イオンや分子の間の隙間によって,Ｘ線が回折をおこしているのです。

このＸ線回折を利用すると,構造がわかっている結晶を撮影してＸ線の波長を測定したり,反対に,波長のわかっているＸ線を使って撮影することで,結晶の構造を調べたりでき

Ⅷ 再び，ゴムはどうして伸びるのか

伸ばす前

伸ばした状態

画像提供／株式会社リガク

Ⅷ～6図　ゴムのX線回折写真

ます。

　伸ばさないゴムでは，非結晶物質と同じで，斑点のない写真ですね。それに対して伸ばしたゴムのX線写真では，結晶ほどはっきりした斑点は見られませんが，結晶に近い，規則正しい分子配列のあることがうかがえます」

◆ ゴムに潜むスプリングの並び方

「するとゴムは"伸ばすことによって結晶する"ということな

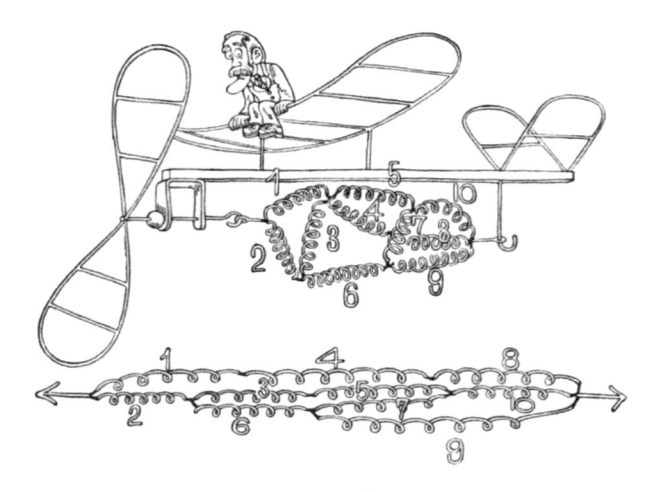

Ⅷ〜7図　ゴムが伸びる秘密

んですか？」

「ええ，まあそう言えます。それを，こんなふうに考えてみましょう。

Ⅷ〜7図上のように，方向がバラバラで，間隔もまちまちな10本のスプリングがつながっているとします。それを下図のように伸ばすと，3本ほどのスプリングがほぼ平行に並んでいるようになったとします。

こうなると，スプリングは方向がそろい，間隔もほぼ一定になって，上図に比べて規則正しくなったといえますね」

「まあ，そうですね」

「このように，伸ばす，すなわち引っ張ることによって，ゴムの分子が，結晶分子のように規則正しく並びます。ということは，引っ張らないときは，バラバラの方向を向いていた分子た

188

ちが，引っ張ったことによって，力の方向に並ぶようになったと考えられます」
「ああ，伸びないセルロース分子では，木材を引っ張っても，そのようなX線写真は撮れないわけですね」
「そう。第一，木材はゴムのようには伸びませんね」

◆ ふくらませたゴム風船は元に戻らない
「すると伸ばしたゴムでは，もう伸び切った分子もあれば，まだ十分に伸びていない分子もあるということですね」
「そうですね。ゴム風船をふくらましたような場合は，ほとんどの分子が伸びていくと思ってよいでしょうね」
「そして伸び切れなくなったとき，パチン！　となる」
「あ，いったんゴム風船をふくらますと，元の大きさには戻りませんね。その理由は，分子スプリングが弾性の限界をこえてしまったので，縮まらなくなったということですか？」
「それは一つ一つの分子の弾性限界をこえたのではなく，分子相互の間隔がズレたのでしょう。

　ふつう風船などに使っているのは，生ゴムではなく，硫黄を混ぜた弾性ゴムです。

　水のように小さい分子からできている物質は，氷から水へ，つまり固体から液体への変化が一定の温度で急におこります。ところが大きい分子からできている物質は，キャラメルやガラスのように，固体から液体に変わる温度の幅が大きくて，次第にやわらかくなっていきますね。

　生ゴムも同じで，冬と夏の温度の間で，コチコチの固体から半液体の状態にまで変化するのです。ところが，加硫といって，硫黄Sと混ぜて熱してやると，ゴム分子の二重結合の一部が開いて硫黄と結びつき，橋がかかるのです。

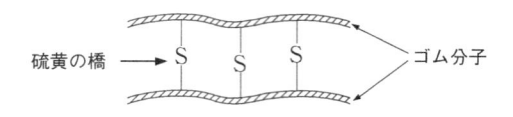

Ⅷ～8図　硫黄とゴム分子のつながり方

　こうなると，分子と分子の間がズレにくくなって，温度の影響が少なくなります。だから冬も夏も弾性がある。それで弾性ゴムと呼ぶわけです（Ⅷ～8図）。

　ゴム風船をいったんふくらませてしまうと，もう元に戻らなくなるのは，この分子の間の硫黄Sの橋が移動すると考えてください。最初は一つの分子の左から3番目のCと，隣の分子の同じく3番目がSでつながっていた。それが強く引っ張ったことによって，初めの分子の5番目と次の分子の3番目がSでつながるように移動したとする。するとC原子2個分だけ，元に戻らなくなったことになります」
「あ，そうか。すると，ゴム風船をふくらますことによって，一種の化学反応がおきたということになりますね」
「そうですね」
「わあ，私，ゴム風船がふくらむのは，物理変化とばかり思っていたわ」
「大半はそうですね。でもミクロ的に見ると，一部で化学反応もおきているといえるでしょう」

◆ 牛肉を食べても牛にならないわけ
「でも不思議ですねえ。どうして，同じイソプレンが，ゴムの木ではシス形に，グッタペルカの木ではトランス形に重合するのでしょうね」

Ⅷ 再び,ゴムはどうして伸びるのか

「ほんとうに不思議ですね。でも,考えてごらんなさい。理恵さんがビフテキを食べても,カツオの刺身を食べても,牛にもならず魚にもなりませんね」
「それはそうですよ！」
「タンパク質はアミノ酸という単量体(モノマー)が重合してできた高分子化合物(ハイポリマー)です。アミノ酸は二十数種類あって,その配列順の違いで,たくさんの種類のタンパク質ができます。

 だから牛肉を食べても,魚を食べても,そのタンパク質は,胃や腸で消化分解されて,アミノ酸の混合物になる。それを原料にして,理恵さんのからだを作っているタンパク質を合成するのだから,牛を食べても魚を食べても,理恵さんは牛にも魚にもならないのですね」
「あ,すると,理恵さんのからだの中には,このようにアミノ酸を配列して理恵型タンパク質を作れ,と命令する何かがあるということですね？」
「そうです。そこで次に,その仕組みをお話しすることにしましょう。そうすれば,イソプレンが,なぜゴムの木ではシス形につながり,グッタペルカではトランス形につながっていくかわかると思いますよ」
「あ,わかった。イソプレンの分子がたくさんあるとして,それらがシス形につながるかトランス形につながるか,そのままだと,その確率は同じはずですね。そこで,その二つの反応のうち,一方だけを進めるか,もしくは他方を妨げるものがあればよいわけでしょう？」
「よく気づきましたね。ではその話に入りましょう」

H
HOOC-C-NH2+O=C
R
H
CH2-O-PO3H2
N
OH CH3
PALP
H
HOOC-C-N=C
R
H
CH2-O-PO3H2
N+H2O
OH CH3

IX 反応を特定方向に導くもの
――触媒

IX-1 触媒は交通整理のお巡りさん

◆ 触媒の働き

「さあ,理恵さんの血液中に消化・吸収されたいろいろなアミノ酸がたまっているとしますね。仮にアミノ酸をA,B,Cの3種類とします。3種類とも同じ程度の大きさで,同じ程度に運動し,存在する量も同じとしましょう。すると,AとB,BとC,CとAのぶつかる回数はほぼ同じになりますね。

そして反応する割合も同じとすると,ある時間たった理恵さんのからだの中にはABC,ACB,BAC,BCA,CAB,CBAという6種類の組み合わせが,等量できているはずです。

ところがもし,A-Bという結びつきを他の組み合わせより速めるものがあったら,ABC,CABの組み合わせが,ACB,BAC,CBA,BCAよりも多くなっているでしょう」

「あ,わかった。そういう働きをするものが触媒でしょう」

「そうです。ところで,これまでに習った触媒にはどんなものがありましたか?」

「過酸化水素から酸素を作る実験で,酸化マンガン(IV)を使いました」

「デンプンの加水分解でアミラーゼを使いました。あれも触媒の仲間ですよね?」

「授業では,アンモニアの合成に酸化鉄とアルミナを混合した触媒を使うという話を聞きました」
「ハーバー・ボッシュ法のことですね。化学工業に触媒を本格的に利用した代表的なものですよ(209ページ参照)」

◆ 触媒とは何か

「ところで,触媒とは何か,その定義を習いましたか?」
「えーと"自分は化学反応には加わらず他のものの化学反応の速さを変える物質"というのだったと思います」
「なるほど。すると,触媒は交通整理のお巡りさんみたいな役ですね。自分は車を運転しないけれど,車の通行をスムーズにして,全体として車の流れを速くしている」
「まあ,そうでしょうね」
「たしかにそういう触媒もあります。ハクキンカイロというのが,使い捨てでないエコなカイロとして,最近,見直されているそうですね。

白金(プラチナ)の微粒子をつけたガラス繊維の表面で,ベンジンがプラチナの触媒作用で酸化していき,そのときに発生する熱をカイロに利用しています。この場合,プラチナは酸化反応には加わらず,そこにあるだけと思われますから,たしかに交通整理のお巡りさんのような働きに見えますね。

ところで,同じように車の流れをスムーズにしているものにフェリーもあります。フェリーは,車を載せて対岸まで運び,また戻ってくる。この場合は,一度は反応に関係していることになりますね」
「そんな触媒もあるんですか?」
「じつは触媒については,その働きの仕組みが,まだよくわかっていません。

IX 反応を特定方向に導くもの

　私たちが使っているいろいろな物質の中には，もちろん，その性質や作用がはっきりわかっていて利用しているものがたくさんあります。たとえば，酸は金属の酸化物をよく溶かすという性質がわかっていて，その性質を利用してサビ取りに酸を使いますね。

　ところが触媒は，その働きがよくわからないまま，利用されてきたのです。だから新しい触媒を探すのにも，性質を知って探すのではなく，わるくいえば，そこらにあるものを手当たり次第に試してみる，というやり方で探してきたといえます。

　先ほど話に出たハーバー・ボッシュ法の触媒もそうです。ハーバーたちは，千数百種類もの物質について一つ一つ実験して，酸化鉄にアルミナを混ぜたものがよいことを発見したのだといわれています」

◆ 根気強い実験の繰り返し

「千数百種類ですって!?　それをみんな試したのですか？」
「そうですよ。それも，そこらにあるものをそのまま使ったのではありません。たとえばニッケル触媒を試すとしますね。そのときも，単にニッケル板をけずって使うわけではありません。その製法の一例をお話ししましょうか。

　まず硫酸ニッケル（Ⅱ）を再結晶法によって精製します。それを水に溶かし，濃度を一定にします。そこへアンモニア水を徐々に加えて水酸化ニッケル（Ⅱ）の沈殿を作ります。その沈殿をよく洗い，濾過して乾かし，それを水素の気流中で熱しながら還元してニッケルにするのです」
「わあ，たいへん！」
「このように，作り方をはっきり決めておかないと，同じ性能のものを二度と作れません。触媒はきわめて敏感で，少しの不

純物でも性能が大きく違います。アンモニア水を加えるとき，温度の少しの違いとか，量のちょっとした違いとか，そんなことによっても性能が変わるものなのです」

「わあ，とてもじゃないって感じですね」

「ただし最近では，物質の構造を調べる方法が進歩したので，そのメカニズムもかなりわかってきました。それで，触媒は化学反応の仲間に加わるか加わらないか，はっきりした境はないと考えられるようになってきています」

IX-2 触媒の働き方を重水で調べる

◆ "重い"水!?

「ここで，触媒の働きを推察させる一つの研究をお話ししましょう。重水というのを知っていますか？」

「はい。水素の同位体で質量数が2の重水素と，酸素が結合している水のことですね」

「そうですね。ふつうの水素をH，重水素をDと表すと，ふつうの水（軽水）はH_2Oなのに対して，重水はD_2Oになります。本当は酸素にも同位体があるので，水分子の種類はもっとありますが，今は，この2種類だけにしておきましょう。

重水がかなり濃く混ざった水をフラスコに入れ，上の空気を水素で置き換えて栓をしておきます。しばらくすると水素は水の中に溶けたり，また水中から空気中に出たりして，平衡状態になります。しかし，重水中の重水素原子が，気体中の水素分子に入ってくることはありません。つまり，重水分子のD-Oのつながりは切れることがないのです。

ところが，そのフラスコの中にプラチナPtの小片を入れて

IX 反応を特定方向に導くもの

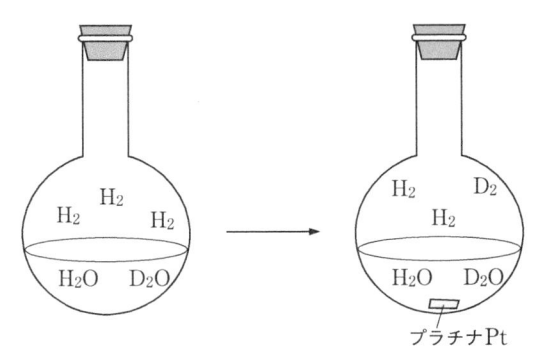

IX〜1図 プラチナ Pt を入れると

みると，わずか数時間で，気体の中に重水素 D_2 が検出されるようになるのです（IX〜1図）」

「どういうことですか？」

「つまり，重水中の D と，気体の H_2 の中の H が入れ替わるわけですね。これを模型的に考えてみましょう。IX〜2図を見てください。

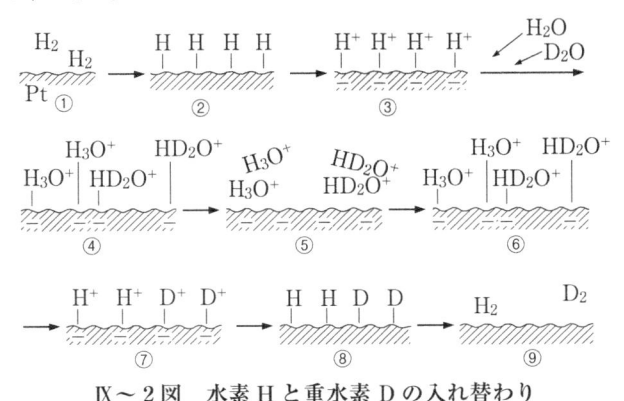

IX〜2図 水素 H と重水素 D の入れ替わり

①では，プラチナ Pt に水に溶けた H_2 分子が接近してきて，吸着されます。そして吸着によって Pt と H の引き合う力が強くなり，H－H 結合が弱くなってきます。次に②で H－H 結合が切れて，H 原子が Pt の表面に吸着されています。そして③では中性の H 原子から電子が Pt に移っています。つまり Pt 表面に水素イオン H^+ が吸着されるわけです。

　そこへ軽水分子 H_2O と重水分子 D_2O がぶつかり，H^+ は水分子といっしょになってオキソニウムイオン（H_3O^+ や HD_2O^+）になる（同図④）。

　これらのオキソニウムイオンは，分子運動で Pt から離れ，液中を自由に動く（同図⑤）。そしてまた Pt にぶつかって，吸着されたり（同図⑥），反対に水分子が水素イオンと別れて，去っていったりする。このとき，軽水からできた H_3O^+ は H^+ を，重水からできた HD_2O^+ は D^+ を，Pt 表面に置いていくことがあるのです（同図⑦）。

　これらの H^+ や D^+ は，同図⑧の状態をへて，吸着を脱し，気体分子（H_2 や D_2）となって出ていく（同図⑨）。こうして，気体の中に重水素 D_2 が現れたわけです」

「へえー。でも，そんなにうまく吸着されたり離れたりするものですか？」

「たえず平衡状態にあると考えてください。たとえば，台所の流しを濡らしている水だって，たえず空気中から酸素や窒素の分子が溶け込む一方で，水に溶けていた中から空気中へとび出していくという平衡にあるのですよ。

　Ⅸ～2図の H_2O と D_2O 場合も，運動エネルギーがちょっと少ない分子はプラチナ Pt に吸着し，それがまた少し熱エネルギーを得ると離れていく。だから①～⑨の間は，ずっと平衡状態にあり，その中で H と D が入れ替わるわけです」

Ⅸ　反応を特定方向に導くもの

「Pt に吸着される段階がないと，D_2O の D−O のつながりは切れないということですね？」

◆ よい触媒にはよく吸着する

「そうです。そこに Pt の触媒としての働きがあります。

　化学反応とは，分子の中の原子のつながりの組み換えです。組み換えるためには，原子のつながりをいったん切る必要がありますね。熱すると化学反応の速度が増すのは，この原子のつながりを切るエネルギーを得るためです。

　それを活性化エネルギーといいます。触媒は，吸着によって，必要な活性化エネルギーを低下させると考えたらよいのです」

「とすると，よい触媒とは，反応物質の分子をうまく吸着するものということになりますね」

「そうですね。触媒の表面に分子を吸着するということが，触媒の大切な働きです。

触媒の威力

その吸着の程度が比較的軽い状態のものを物理吸着，化学結合に近い強い吸着を化学吸着と分けることもあります。

ただし実際には，物理吸着と化学吸着の境界が，はっきりあるわけでないでしょう」

◆ よい触媒は表面積が広い

「とにかく，吸着するためには触媒の表面積の広いことが大切です。肉眼的な表面ではなく，分子・原子レベルの表面です。先（195ページ）にお話ししたように，ニッケル板を単純にけずって作るのではなく，じつに面倒な方法で作るのも，このミクロの世界の表面積を広くするためです。

表面積を広くするためには粉末にし，しかもその粉末は，海綿のような多孔質がよいのです。こんな計算ができます。

$1cm^3$ のサイコロを縦・横・高さとも $1\mu m$ ($10^{-6}m$) の薄さに切ると $1\mu m^3$ のミニサイコロがたくさんできます。その表面積の総計はなんと6万 cm^2 になるのですよ。元のサイコロの表面積は6 cm^2 ですから，1万倍にもなったわけです。

しかし実際に使われている触媒では，$1cm^3$ の粉の表面積は200万 cm^2 にもなるといわれます。いかに表面積が大きいかわかるでしょう。

そういう多孔質の表面に吸着されると，その分子の混み合いは，1万気圧（$1013 \times 10^4 hPa$）の気体中と同じくらいになります。1個の分子が占めていた空間に1万個もの分子を詰め込むことになりますから，分子どうしの衝突回数が増え，それだけ化学反応もおこりやすくなるはずですよね」

「1万気圧！　では，体積が1万分の1になるのですから，分子と分子の間隔はざっと $\sqrt[3]{10000}$ 分の1になるわけですね」

「えーと，電卓で計算すると，$\sqrt[3]{10000}$ は約21.5ですね。

21.5cm 離れていたのが 1cm に近づくということですね。

　こういう数字による比較より，もっと生々しいお話をしましょう。前（195ページ）にお話しした水素の気流中で還元して作ったニッケル触媒ですが，これをそのまま空気中に出すと，たちまちパチパチと火花を散らして燃えてしまうのです」
「え，どうしてですか？」
「つまり，酸素を吸着してニッケルが酸化し，熱が出て燃えるほど激しく反応しだすというわけです」
「わあ，触媒は，作るのも保存するのもたいへんなんですね」
「もっとも，酸素を作るときの酸化マンガン（Ⅳ）のように，そのまま瓶に入れておけばよいものもありますけどね」

◆ 触媒は専門職
「吸着される物質は，何でも同じように吸着されるとは限らないんでしょう？」
「もちろんです。だからアンモニア合成には酸化鉄とアルミナの混合触媒，一酸化炭素と水素から炭化水素を作るにはニッケル触媒という具合に，それぞれ得意先があるのです。

　それでもプラチナやニッケルなどの無機触媒は，かなり幅が広くて，いくつかの反応の触媒になります。ところが有機触媒（酵素）は，一つの反応に 1 種類の酵素，というように限定されています。

　たとえば，デンプンをマルトースに分解する酵素はアミラーゼですね。しかしマルトースをグルコースに分解するには，マルターゼという別の酵素が必要です。ところが無機触媒の酸を使うと，デンプンからグルコースまで一気に進みます」
「すると，酵素は無機触媒より能力が低いんですか？」
「いやいや，とんでもない。触媒能力は酵素のほうが桁違いに

大きいのです。ただし酵素はスペシャリストですね。

　たとえば中学校の理科の先生はたいへんですよ。第1分野(物理, 化学) も第2分野 (生物, 地学) も教えなくてはなりません。しかし高校の先生は, 物理, 化学, 地学, 生物と専門別になっているでしょう。さらに大学の先生となると, "私は有機化学のこれこれが専門分野だから, ほかの化学はわかりません"で通ります。

　高校・大学の先生は, 自分の専門は中学の先生よりくわしいけれど, 他の部分はまったくだめです。大学教授を中学の先生にしたら, おそらくお手あげでしょう」
「というと, 中学の先生は無機触媒で, 大学の先生は酵素ってことですね」
「まあ, そんなたとえです」

◆ 鍵と鍵穴

「では, どうして酵素はそんなにも専門的になるのですか?」
「酵素の働く相手が, 複雑な形の有機化合物だからです。

　先 (198ページ) にあげたプラチナに吸着するときの水素は H_2 というもっとも小さい分子ですね。ニッケルを触媒にして作る炭化水素も, 比較的単純な形の分子です。これに対して, タンパク質や脂肪など, 酵素の働きかける有機化合物は分子が大きく複雑な構造を持っています。

　その複雑な構造の中の, ここを切り離そうとか, ここに何かを作用させようとかするためには, 酵素の構造の一部分が, その有機物の構造の必要な部分にうまくはまり込むか, あるいはその部分を自分の中にうまく取り込むことが必要ですね。いわば, 鍵と鍵穴のように, ぴったりと合う構造が必要です」
「あ, すると, プラチナによる水素の吸着は, せいぜい戸につっ

IX 反応を特定方向に導くもの

かえ棒をかうくらい，もう少し複雑だとしても掛け金くらいの戸締まりみたいなものですね」

「あはは，そういうことですね。私たちの体の中で生理作用がスムーズに進むためには，つっかえ棒や掛け金ではなく，金庫の錠のように数字合わせと鍵の両方が必要というくらいに厳密な触媒作用が，しかも連続しておきていると思ってください」

「なるほど。触媒といっても，ピンからキリまであることがわかりました」

IX-3 イソプレンをシス形に重合させる触媒

◆ ブロックを積み上げる

「では，いよいよ本題のイソプレンからゴムができるときのお話に入りましょう。

イソプレンをシス形に重合しなくてはなりませんね。さあ，そこで，イソプレン（IX〜3図①）の二重結合の一つを開いて

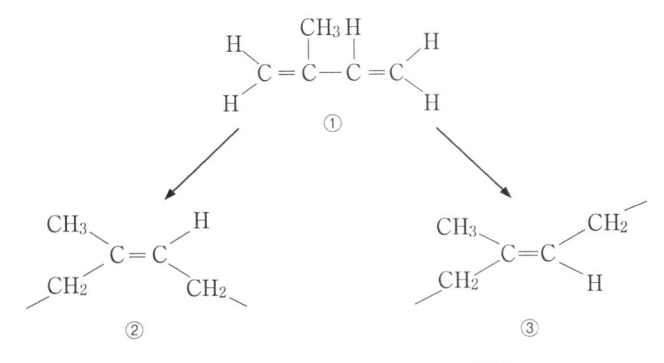

IX〜3図　イソプレンの二つの構造

Ⅸ〜4図　形が違うブロックの積み方

重合するときに，同図②となるか③となるかで，重合の向きが違うわけですね。②ならシス形重合へ，③ならトランス形重合へと伸びるわけです。

つまりゴムを作るには，シス形の結合を作る触媒がよいわけです。このことを模型的に考えてみましょう。

ブロックを積み上げると仮定しますよ。Ⅸ〜4図の手前はシス形，奥はトランス形のブロックです。これらをクレーンで吊り揚げて所定の場所に積み上げます。クレーンのフックにはロープの輪がついています。

シス形ブロックは，ロープの輪1本で吊り揚げ，積み上げることができます。ところがトランス形ブロックは，1本の輪で吊り揚げたら，傾いて落ちてしまいます。おまけに2本の輪の長さを変えないと，ブロックを水平に吊り揚げられませんね。

IX 反応を特定方向に導くもの

　そうすると輪ロープ1本のクレーンではシス形ブロックしか積み上げることができない。輪ロープ2本のクレーンでは，シス形ブロックも積み上げられるけど，常にロープの一方がじゃまして効率がわるいでしょう」
「ああ，わかりました。輪ロープつきのクレーンが触媒で，輪ロープによって，その相手が異なるんですね」
「そうです。つまりゴムでは，シス形のブロックを積める輪ロープをつけたクレーンがよいというわけです」
「では，実際にそういう構造を持った触媒は何ですか？」
「人工的にゴムを合成する場合，リチウム触媒だとシス形のポリイソプレンができます。ところが，リチウムの同族元素であるナトリウムを触媒にすると，トランス形のポリイソプレンができます」
「同族の元素なのに不思議ですね」
「工業的に合成するのには，チーグラー触媒が使われていますが，この触媒については，あとでお話ししましょう（217ページ）」

◆ ゴムを作る高性能酵素

「ここまでは工業的にゴムを作る場合の触媒の話でした。しかし，もちろん天然のゴムの木やグッタペルカの木の中では，無機触媒ではなく，何種類もの酵素が働き，幾段階もの反応がきわめてスムーズに進んで，ゴムになっていきます。
　なかでも重要な働きをしている酵素が，アセチル補酵素Aです。これは，食用にしている酢酸（お酢）と補酵素Aが結びついたもので，生物の体内で脂肪が作られるときなどに働いています。
　補酵素Aは分子式が$C_{21}H_{36}P_3O_{16}N_7S$，分子量が800近い大きな分子です。ふつう略してHS-CoAと書きます。これと酢酸

から水分子が取れて縮合したのがアセチル補酵素 A です。

　こうした酵素の働きで，ゴムの木ではほぼ100％がシス形のポリイソプレンができます。これに対して合成ゴムでは，まだ98％までのシス形しか実現できていません。この，たった2％の差によって，天然ゴムは機械的強度や耐摩耗性で合成ゴムに優っているのです。

　一方，同じポリイソプレンでも，グッタペルカでは，ほとんどがトランス形（ペルカゴム）になります（184ページ）。それは働く酵素の違いによるのです」

◆ 生体工場の不思議

「生物の体の働きはじつに不思議です。工場で何か一つの製品を合成するとなると，ふつうは原料をなるべく純粋にしますね。不純物があると，反応が妨げられるからです。ところが，私たちのお腹の中ではどうです。じつにいろんなものを食べる。胃袋の中は，それこそゴミ箱みたいにいろいろなものが混じっている。工場とはまったく異なる状態です。

　その中で消化が行われるために，たくさんの消化酵素が働いています。そして消化されると，アミノ酸とかグルコースとかのモノマー分子となって吸収され，血液中を流れる。その，あまり種類の多くないモノマーから，体じゅうが必要とするすべての物質が作られています。

　必要な物質は多彩です。同じタンパク質でも，髪の毛のようなものもあればツメみたいな固いものもある。筋肉のように機械的な働きをするものもあります。酵素自身もそうして作られるタンパク質の仲間です。脳の中で，考えたり計算したりする物質も，やはり消化されて血液によって運ばれる簡単な物質を組み立てて作られる。

そして，それらをうまく組み立てるのも触媒なのです」
「体の中では何百種もの触媒が働いているんですね」
「そうです。では，そういう触媒の大元締めになる触媒の話をしましょう」

IX-4　たった一人の"私"を作る触媒（？）

◆ なぜ"同じ人間"にはならないのか
「触媒の大元締めって，何ですか？」
「一君という人間は，古今東西，この地球上にたった一人しかいませんね。もちろん，理恵さんも同じです」
「そりゃそうですよ」
「そこで，あなた方二人をこれから何年間か一つの部屋に閉じ込めて，まったく同じ物を食べさせると仮定してみてください」
「閉じ込められる!?」
「そうです。お互いが違ったものを食べないように，きびしく監視されて生活するのです。そうして何年かたったら，二人は同じ人間になるでしょうか？」
「なりっこないですよ。どこまでいっても僕は僕ですよ。たとえ痩せこけたとしても！」
「そうよ。私だって，こんなむさ苦しい男の子のようになんかなりません！」
「ということは，同じ物を食べても，同じ物にはならないということですね。どうしてですか？」
「それは，うーんと，あ，そうだ，僕と理恵さんとでは，酵素の種類が違うということでしょう？」
「それはそうだけど，考えると不思議よ。違う種類の酵素があ

るとしても、その酵素も、同じ食べ物から作られるわけでしょう。すると、その酵素を作るための酵素があるはずよ」

「あ、そうだ、遺伝子でしょう！ 僕は僕の体を作るような遺伝子を持っているから、そういう酵素群を作れる」

「なるほど。では一君、遺伝子の正体は何だか知っていますか？」

◆ 触媒の新しい定義

「あ、知っています。生物の授業で習いました。DNAです」

「そうですね。生物のことはよく知りませんが、リンを含む有機化合物のデオキシリボ核酸、略してDNAというのですね。生物で習ったそうですから、ここではくわしくお話ししませんが、DNAの情報によって、一君も理恵さんも、世界中でただ一人の人間として作られるのです」

「わあ、では、DNAの情報が万が一にも同じになったら、僕とまったく同じ人間ができるわけですね」

「一卵性双生児は、まったく同じDNAを両親から受け継いでいるはずです。だけど成長すると、やはり違う点が目立ってきます。どうやら、人間の個性はDNAだけで決まるわけではないようですね。

　DNAについては私もあまり知りませんから、これ以上、深入りしませんが、とにかくDNAからの情報に基づいて、酵素が作られる。その酵素が、目的とする生化学反応を行わせる。そういう、いわば化合物系として私たちは生きているのです」

「すると、触媒とは"こういう化学反応を行え"という命令を伝える情報屋ということになりますか？」

「そうですね。これまで私たちは、化学反応をうまく行わせようという視点で触媒を探していました。そこで、触媒とは"化

学反応の速さを変える物質"と定義していたのです。しかし触媒を主体に考えると、触媒とは"ある化学反応を行わせる情報を持っている物質"ということになるかもしれません」

「わあ、そうすると、DNAこそ触媒の大親分ということになりますね」

「そして、その大親分にまでさかのぼると、古今東西に1種類しかない。それによって、一君ができる」

「わあ、イソプレンからゴムができるという話が、とんでもない世界に広がりましたね。僕の触媒観は一変しました」

◆ 化学者の責任

「今は、その触媒の大親分にさえ手を加えて、自然界にない生物を作れる時代になりました。そのDNAも化学物質であり、それに手を加えるのも化学的方法です。

化学は、もうそこまで来ているのです。人間や生物界に及ぼす影響は、想像以上に大きくなってしまっています。

たとえばノーベルのダイナマイトの発見は、戦争の様相を一変させました。また、ハーバー・ボッシュ法(194ページ参照)の実現で、帝政ドイツが第一次大戦をおこすことに踏み切ったという説があります。

痩せた土地が多いドイツでは、小麦の栽培には窒素肥料が不可欠です。そのため窒素肥料を輸入するか、痩せた土壌に強いライ麦、あるいは穀物の代替品としてジャガイモに頼らざるを得ませんでした。しかし、本法によって、窒素肥料を作ることができるようになったのです。

と同時に、ハーバー・ボッシュ法によって、火薬の原料の硝酸を大量に製造・供給できるようにもなりました。それによって第一次世界大戦でドイツは、火薬原料の窒素化合物のすべて

左からダイナマイトを発明したアルフレッド・ノーベル（1833 〜 1896 年）。ハーバー・ボッシュ法を発明したフリッツ・ハーバー（1868 〜 1934 年）とカール・ボッシュ（1874 〜 1940 年）

を国内で調達できたそうです。さらに，その後の戦争が長引く要因を作ったともされています。

　現在では，多量の窒素肥料が世界中の農地にまかれ，それによって穀物生産が増え，世界人口の急増をもたらしました。農地にまかれた窒素化合物は，環境中に大量に流出しており，それが地球規模の環境破壊の一因になっているのではないかという懸念も生じているのです」
「化学は，人間の運命をも変えてしまうんですね」
「一君がこれから化学をやるというなら，そういう人類や生物全体に対する責任を自覚しなくてはなりません」
「はい」

X イソプレン合成の研究

X-1　C_2とC_3からC_5ができる!?

◆ 時代の花形だった研究分野

「さて,触媒の話からまた脱線してしまいましたが,本筋の話に戻りましょう。いよいよ人工的に天然ゴムと同じものを作ってみるということになります」

「つまり合成ゴムですね」

「じつは私は,合成ゴムの原料のイソプレンの製法について,ずいぶん長いこと研究したので,そのお話をしましょう。それを通して,研究の進め方を知ってもらえたら幸いです」

「合成ゴムの原料の,さらにその原料の研究ですね?」

「ええ。じつはイソプレンは,石油化学工場の副産物としてかなりたくさん採れます。石油はいろいろな炭化水素の混合物ですから,まず産出した原油を分留によって大別します。

分留とは,液体の混合成分を,沸点の差を利用し,蒸留によって分けることです。まず常温で気体の成分,次に沸点の低い順にガソリン,重質ガソリン,ナフサ,灯油,軽油,重油と留出し,最後にアスファルトが残ります。

これらはそれぞれの用途があるのですが,ナフサ成分は,採れる量のわりに直接の使い道が少ないのです。

ナフサはCの数が10個前後の炭化水素の混合物です。だか

広島県・水島石油化学コンビナートの美しい夜景

らこれを熱分解して、もっとCの数が少ない炭化水素を作ることが考えられました。ただし熱分解では決まったものができません。Cが1個のメタンから7個や8個のものまで、いろいろできてしまいます。

　800〜1000℃くらいで熱分解すると、エチレンがいちばん多くできます。エチレンは使い道が多いので、この熱分解設備のことをエチレン・プラントと呼んでいます。

　エチレン・プラントからの副産物としてのイソプレンが、エチレンの2%ほど採れます。たとえば年産20万tのエチレン・プラントでは4000tのイソプレンが採れるわけです。今では、日本中の石油コンビナートから出るイソプレンと輸入とで、合成ゴムの原料としては、ほぼ間に合っています」

「じゃあ、わざわざイソプレンを合成する必要はなかったん

じゃありませんか？」
「今でこそ間に合っていますが, 私が研究を命じられたころは, まだ石油化学工業が始まったばかりで, イソプレンは十分にはありませんでした。それに, ゴムの産出国である東南アジアの国々が, 独立運動などで政情不安が続き, ゴムの供給が不安定でした。そこでトラックのタイヤなどにイソプレンから合成した合成ゴムが望まれたのです。

　こうした事情は日本だけではありません。ドイツでもフランスでもアメリカでも, このころ, イソプレンの合成研究は時代の花形でした」

◆ プロピレン＋エチレン＝イソプレン？

「では, 何からイソプレンを合成したのですか？」
「それは研究者それぞれでしたよ。たとえばフランスではイソブテン（2-メチルプロペン）とホルムアルデヒドから, アメリカではプロピレン（プロペン）から, イタリアではアセトンとアセチレンからでしたね。

　私たちは, プロピレンとエチレンを考えました。イソプレンは C_5 の化合物です。そこで C_3 化合物のプロピレンと, C_2 化合物のエチレンをつなげたら, C_5 化合物になるはずです」
「なるほど, 直接的ですね」
「それにエチレンやプロピレンは, 石油化学工場の副産物として安価に手に入るというメリットもありました」
「エチレンとプロピレンをどうやって反応させるのですか？」
「ええ, "C_3 化合物のプロピレンと C_2 化合物のエチレンをつなげたら, C_5 化合物になる" とあっさり言いましたが, 実際はそんな簡単には行きません。

　私たちは, まずこんな反応を考えました。

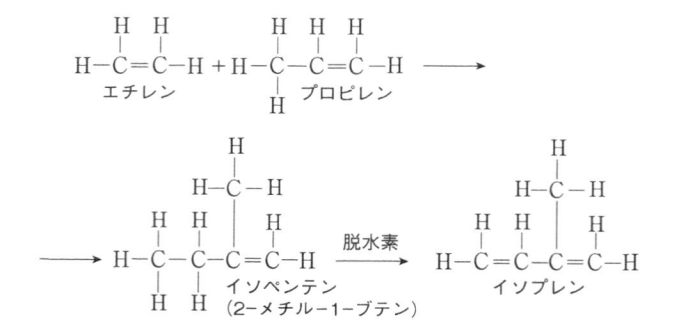

$$H-\underset{H}{\overset{H}{C}}=\underset{H}{\overset{H}{C}}-H + H-\underset{H}{\overset{H}{C}}=\underset{\underset{H}{|}}{\overset{H}{C}}-\underset{H}{\overset{H}{C}}-H \longrightarrow$$
エチレン　　　　　プロピレン

$$\longrightarrow H-\underset{H}{\overset{H}{C}}-\underset{\underset{H}{|}}{\overset{\overset{H}{|}}{\underset{|}{C}}-\overset{H-\overset{H}{C}-H}{C}}=\underset{H}{\overset{H}{C}}-H \xrightarrow{脱水素} H-\underset{}{\overset{H}{C}}=\underset{\underset{|}{H-\overset{H}{C}-H}}{\overset{}{C}}-\underset{}{\overset{H}{C}}=\underset{H}{\overset{H}{C}}-H$$
　　　　　　　イソペンテン　　　　　　　　　　　　　　イソプレン
　　　　　　（2-メチル-1-ブテン）

　後段の脱水素反応は、他の化学反応でもしばしば行われる方法なので、そんなにむずかしくありません。問題はエチレンとプロピレンから、うまくイソペンテンができるかです。だから研究の焦点は、この反応をいかにうまく行わせるかにあると考えました」
「エチレンとプロピレンは、そんなに反応しにくいんですか？」

◆ イソプレンへの険しい道のり
「いやいや、反応がむずかしいというよりも、目的のイソペンテンを得ることがむずかしいということです。

　単純な組み合わせとして考えてみましょう。エチレン（C_2）とプロピレン（C_3）を同じ分子数、つまり同じmol数を混ぜて反応させたとします。反応装置の中では、それらの分子が飛び回って衝突します。その衝突の組み合わせは（C_2とC_3）、（C_2とC_2）、（C_3とC_3）、（C_3とC_2）の4種類で、その頻度は等しいはずです」
「ええ、そうですね」
「そして、反応が衝突回数に比例したとすると、C_5のできる

確率は50％になるでしょう」

「ああ，C_2とC_3，C_3とC_2の衝突でC_5になるんですね」

「実際の反応装置の中では，このようにしてできた1次的化合物に対して，さらにC_2やC_3が衝突して，2次的な化合物もできます。だからC_6とかC_7，C_8といった化合物もできる可能性があります。さらに同じC_5でも，ノルマルではなくイソ，つまり直鎖状のものでなくて枝分かれのあるイソペンテンとなると，さらに可能性がへります。

というわけで，ただ反応させたのでは，めざすイソペンテンの収率は非常に少ないと考えなくてはなりません」

「なるほど」

「だから，これらのたくさんの反応の可能性の中から，目的のイソペンテンのできる反応だけを行わせる方法をみつけなければならないことがわかるでしょう」

「はい」

「これはむずかしいことだとは予想されました。しかしこの方法は，原料が安定して供給できるという魅力があります。そこで私たちは，この方法でいこうと決心したのです。

エチレンとプロピレンのように，異なった単量体（モノマー）を重合させることを共二量化反応といいますので，私たちはこれを共二量化法と呼んで，研究をスタートしました」

X-2 チーグラー触媒とTEA

◆ チーグラー論文からのヒント

「研究は，まずいろいろな文献を調べることからスタートします。先輩たちがどんなことをやっているかを知り，自分たちの

方法を確立するためですね。

私たちはその文献調べの過程で、チーグラーというドイツの化学者の報告に出会いました。教科書にも、ポリエチレンを常圧で作ることに成功した人として紹介されていると思います。

カール・チーグラー（1898〜1973年）
新しい触媒を用いた重合法の発見とその基礎的研究の功績により、のちにこの触媒を改良したジュリオ・ナッタとともに、1963年にノーベル化学賞を受賞した。

この人が発明したチーグラー触媒は、いろいろな化学反応に応用されているので、一君も大学へ入ったら必ず勉強するでしょう。私たちも、このチーグラー触媒を利用しようと考えました。というのはチーグラーが発表した論文に、次のように書かれた箇所があったからです。

『トリエチルアルミニウムがプロピレンと反応すると、トリペンチルアルミニウムとなり、これにエチレンを働かせると、ペンチル基が追い出されて、ペンテンを生じ、トリエチルアルミニウムが再生される』

もしこのとおりだとすると、トリエチルアルミニウムを使えば、私たちが考えたことは案外うまく行きそうです。だから、

X　イソプレン合成の研究

この論文の追試から始めることにしました」

「そのトリエチルアルミニウム，というのは何ですか？」

「チーグラーは常圧でポリエチレンの製造に成功しました。そのときに使ったチーグラー触媒は，トリエチルアルミニウムと塩化チタン（Ⅳ）（四塩化チタン）の混合触媒だったのです。

塩化チタン（Ⅳ）というのは，あなた方も化学式が考えつくでしょう。$TiCl_4$ という無機化合物ですね。それに対してトリエチルアルミニウムは耳慣れない化合物でしょう。

トリは３という意味でしたね（116 ページ参照）。つまりアルミニウム Al にエチル基－C_2H_5 が３個ついた化合物で，有機金属化合物といわれる仲間です。トリエチルアルミニウム triethyl aluminium を略し TEA と呼びます。

さて，チーグラーの論文に出ていたことを反応式で書くと，こんなふうになりますね。

第１反応

$$3CH_3 \cdot CH = CH_2 + Al(C_2H_5)_3 \longrightarrow Al(C_5H_{11})_3$$
プロピレン　　　　　　　TEA　　　　　トリペンチルアルミニウム

第２反応

$$Al(C_5H_{11})_3 + 3CH_2 = CH_2 \longrightarrow 3C_5H_{10} + Al(C_2H_5)_3$$
　　　　　　　　エチレン　　　　　　ペンテン　　TEA

つまり TEA は，１度は反応に関係しますが，再生するので，全体として見ると反応にはかかわらない。つまり触媒ということになるでしょう」

「化学吸着以上に強い結びつきを，１度はするということですね？」

「ええ。ということで，私たちは TEA 作りから始めました」

◆ "取り扱い注意"の危険物

「ところで TEA はアルミニウムの化合物ですが,どんなものを想像しますか?」

「そうですねえ,アルミニウムの化合物はみんな無色か白色でしょう。だから TEA も色はない……。そうですね,白い粉末ではありませんか?」

「そう思うでしょうね。ところが TEA は液体です。融点が－52.5℃,沸点が 194℃ ですから,水よりずっと液体でいられる幅が広いのです。ボンベに入っているのをゆすってみると,プロパンガス(LPG)のボンベをゆすったときより少し粘り気を感じさせます。比重は水より小さくて 0.837 です。

これだけなら平凡な液体に思えるでしょうが,じつは TEA はきわめて危険なものです。空気に触れると爆発的に反応するのです」

「どんな反応なんですか?」

「空気中の水分によって分解して,エチル基のほうは燃え,アルミニウムのほうは,水酸化アルミニウムや酸化アルミニウムになるようです」

「そんな恐ろしいものを,どうやって実験に使うのですか?」

「ええ,TEA を扱うときはそりゃあたいへんです。実験する人は,安全のためフェースガードとゴム引きの前掛けをします。TEA をボンベから出すときは,ボンベから導管,反応容器など使用する器具すべてに乾燥窒素ガスを送って空気を追い出してから移すのです。最後に導管を抜くときなどに TEA のしずくが床に落ちると,パン! と音を立てて爆発します。最初はキモを冷やしましたね」

「わあ,何だか恐ろしい実験ですね」

「慣れれば大丈夫です。それにトルエンに溶かして濃度 20%

X　イソプレン合成の研究

くらいまでは安全です。そうこうしているうちにアメリカでTEAが市販されるようになったので，途中からそれを買って使いました」

◆ エタノールの連続製法

「さあ，次は原料のエチレンやプロピレンの製造です。教科書には"エチレンはエタノールに濃硫酸を加えて熱するとできる"とあるでしょう？　濃硫酸は脱水剤で，アルコール分子から水分子を取る役なのですね。

$$\underset{\text{エタノール}}{H-\underset{\underset{H}{|}}{\overset{\overset{H}{|}}{C}}-\underset{\underset{OH}{|}}{\overset{\overset{H}{|}}{C}}-H} \xrightarrow{\text{濃硫酸}} \underset{\text{エチレン}}{H-\overset{\overset{H}{|}}{C}=\overset{\overset{H}{|}}{C}-H} + \underset{\text{水}}{H_2O}$$

しかし，実験室でもたくさんのエチレンが欲しいときには，もう少し連続的にできる方法でなくてはいけません。私たちはケイソウ土で脱水反応を行う装置を使いました（次ページX～1図）。

直径3cmほどの耐熱ガラス管に径2mmくらいのケイソウ土の粒を詰めたのが反応管です。その管を電気炉に入れて，150℃くらいに保つようにします。

斜めにした反応管にエタノールを滴下します。すると反応管の中で気体になったエタノールは，ケイソウ土の層を通る間に脱水され，エチレンになります。

出てきた気体を冷却器（コンデンサー）で冷やすと，水分や未反応のエタノールは液体となって下に溜まります。一方，できたエチレンは，ガス溜へ導かれて蓄えられます」
「そんなに簡単に脱水されるのですか？」

X〜1図 エチレンを作る

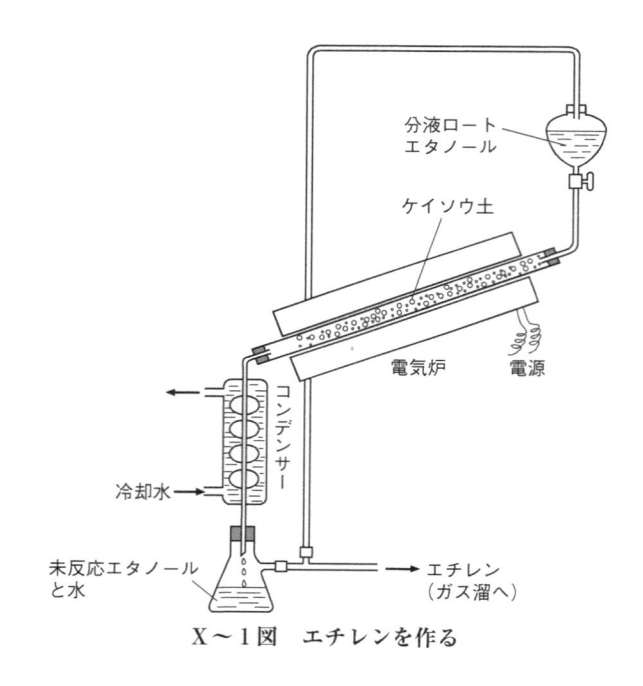

「ええ，思ったより簡単にできますよ。

エタノールの代わりに 1- プロパノールを使うと，プロピレンができます」

$$\underset{\text{プロパノール}}{\underset{H}{\overset{H}{H-C-}}\underset{H}{\overset{H}{C-}}\underset{OH}{\overset{H}{C-H}}} \xrightarrow{\text{濃硫酸}} \underset{\text{プロピレン}}{\underset{H}{\overset{H}{H-C-}}\overset{H}{C}=\underset{H}{\overset{H}{C-H}}} + \underset{\text{水}}{H_2O}$$

「ガス溜へ行く管と，エタノールの入った分液ロートを，長い管でつなげてあるのは，何のためですか？」

220

X イソプレン合成の研究

「あ，これはね，装置内部の圧力を同じにするためです。内部の圧力が違うとエタノールが落下しなくなったり，反対に落ちすぎたりします。ガス溜のほうへガスを導くために，少し圧力を下げて吸引しますが，装置内がその圧力で統一されているようにするのです。

　実際の実験では，そんなところの調節がなかなかむずかしいのですよ。あまり早くエタノールが落ちると，未反応の部分が多くなりますからね」

X-3 TEAとプロピレンの反応──第1反応

◆ 特製の反応容器

「原料ができたら，いよいよ本反応の実験です。実際にはここで原料ガスの分析をして純度を確かめるのですが，その話はやめて本筋の話だけにしぼります。

　チーグラーの文献にある反応の第1はこうでしたね。

$$3C_3H_6 + Al(C_2H_5)_3 \longrightarrow Al(C_5H_{11})_3$$
プロピレン　　TEA　　　　　　　　　トリペンチルアルミニウム

そこで，まずこの反応の実験です。学校でやる実験は試験管やビーカーの中で行うことがほとんどでしょう。しかしTEAは空気に触れては危険ですから，密閉した器具が必要です。私たちはステンレス製の特別容器を考えて注文しました。

次ページX～2図①のような小型軽量のオートクレーブ（高温・高圧下での化学反応を行うことができる耐熱・耐圧容器）です。バルブつきのネジ込み蓋で密閉でき，重さは天秤で量れ

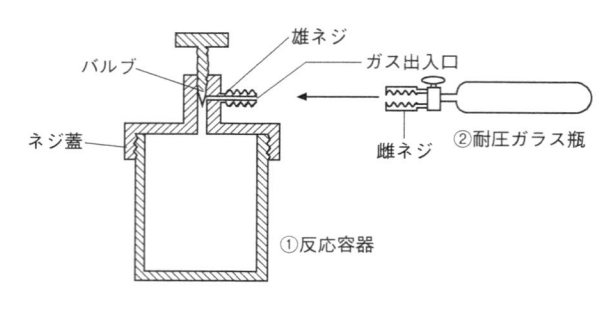

図中ラベル: 雄ネジ／バルブ／ガス出入口／ネジ蓋／雌ネジ／②耐圧ガラス瓶／①反応容器

X～2図　反応容器

る500～1000gに抑えました。

　この反応容器にプロピレンを入れるために，もう一つ特別な容器を作りました。肉厚ガラスの耐圧瓶（同図②）で，反応容器のバルブの雄ネジと合う雌ネジがついています。

　さて，いよいよ実験の開始です。まず反応容器や耐圧瓶に窒素ガスを満たします。それから定められた量のTEAのトルエン溶液を反応容器に入れ，全体の質量を正確に量ってTEAの量を求めます。

　次に，耐圧瓶をドライアイスとアルコールを混合した寒剤につけて冷やしておき，中に細いテフロン製のパイプでプロピレンを導きます。プロピレンは耐圧瓶の中で液化します。そこで耐圧瓶を反応容器の口にねじこみ，耐圧瓶を徐々に温めます。

　するとプロピレンが気化し，反応容器の中に入っていきます。そこでバルブを閉め，耐圧瓶をはずして反応容器の質量を量ります。するとプロピレンを入れる前の質量との差から，入ったプロピレンの質量がわかります」

「なるほど。工夫したものですね」

「プロピレンはこれでよいのですが，第2反応の実験段階でエ

X　イソプレン合成の研究

チレンを入れるには,この方法は使えません。それはエチレンがドライアイスで冷やしても液化しないからです。

　そこで,別のオートクレーブにエチレンを圧力を加えて入れ,それを反応容器につないでバルブを開け,オートクレーブ内の圧力の減り具合から入ったエチレンの量を計算する方法をとりました」

「いろいろ工夫がいるのですねえ」

「これで準備完了です。そこで反応容器をオイルバスに入れ,所定の温度に上げて反応させればよいわけです」

◆ さまざまな創意工夫

「ところがこれで始めてみると,まだ問題が残っていました。反応容器の中が所定の温度にまで上がるのに時間がかかりますが,いつから反応が始まったかわからず,したがって反応速度を求めることができないことです」

「ああ,そうか。一定温度で何分反応した,ということがわからないわけですね」

「そうです。それで,TEAのトルエン溶液をガラスのアンプル(密封容器)に入れておき,中が所定の温度になったとき,アンプルを割って反応をスタートさせることにしました」

「オートクレーブに入れたアンプルを,どうやって割るのですか?」

「窮すれば通ずで,よい方法を考えました。それはね,アンプルの中にきれいに洗って乾燥させたパチンコ玉を入れておき,所定温度になったときに容器をはげしく振るのです」

「なあーんだ,案外,原始的な方法なんですね」

「いや,原始的な方法が単純にしてかつ有効のことが多いのです。この方法でむずかしいのは,TEAのトルエン溶液をいか

にしてアンプルに封入するかです。何しろ封入するためにはガラスを熱して融かさねばならないし，TEAは危険な薬品だからです。しかし，これもガラス細工の技術で何とかやりました」
「化学者はガラス細工もできないとだめなんですか？」
「そうですよ。化学者には手先の器用さも必要です」
「やれやれ，ますます自信がなくなりました」
「まさか鉛筆もけずれないことはないでしょう。生物学や医学では，毛細血管や神経をつないだりしなくてはなりません。化学のガラス細工など，まだ大まかなものですよ。

そのうちに，パチンコ玉を2個入れるとアンプルがよく割れることもわかりました。そして反応をスタートさせ，時間が来たら，容器を氷水の中に突っこんで急冷すれば，そこで反応もストップします」
「精密な実験のようでいて，案外乱暴なことをやるんですね」
「まあ，そう言いなさんな」

X-4 反応装置の中には何ができているのか

◆ 考えられる生成物は？

「そこで，できたトリペンチルアルミニウムを取り出せばいいのですね」
「ちょっと待ってください。高校の教科書なら"TEAとプロピレンからトリペンチルアルミニウムができる"でいいでしょう。ほかのものはないはずだから，そこでできたものを取り出せばよいことになります。

しかし，実際にはどれだけ反応したかもわかりません。その条件を探るのが研究なのです。だから，一実験終わったら，そ

X　イソプレン合成の研究

こでどんなものが，どれだけできているかを調べなくてはならないのです」

「あ，なるほど」

「ところで，この第1反応を終えた反応容器の中には，どんな物質があると考えられますか？」

「トルエン溶液の中で反応させたのですから，まずトルエンがあることはたしかですね」

「そうですね。まず，トルエン」

「それから，第1反応というのはTEAとプロピレンからのトリペンチルアルミニウムを作る反応ですから，その目的のトリペンチルアルミニウムがあるはずでしょう」

「そうですね。それから？」

「どこかで平衡状態になったのでしょうから，原料のTEAやプロピレンの残りもあるのでは？」

「なるほど。それも考えられますね。そのほかには？」

「？　……あ，窒素ガスがありますね。空気と入れ換えた」

「たしかに窒素もあります。そのほかにも，ありますか？」

「……入れたものと反応してできたものでしょう。……ほかにもまだありますか？」

「どう思います？」

「わかりません」

◆ 考えられる反応は？

「それでは，こんなことを考えてみてください。

　TEAの化学式は $Al(C_2H_5)_3$ ですね。それにプロピレンが反応するのですが，今は簡単にするためにTEAを $Al-C_2H_5$ と略して書きましょう。

　すると第1反応は $Al-C_2H_5 + C_3H_6 \rightarrow Al-C_5H_{11}$ ですね。

そして第 2 反応は $Al-C_5H_{11} + C_2H_4 \rightarrow C_5H_{10} + Al-C_2H_5$ で,また TEA ができましたね。つまりアルミニウムに結びついた C_5H_{11} が,C_2H_4 で追い出されるのがこの反応の特徴です。

　これを利用しようというのが私たちの狙いです」
「なるほど」
「すると,第 1 反応でできた $Al-C_5H_{11}$ がエチレン C_2H_4 を加えるまで,そのまま待っていてくれるとは限らないではありませんか。まだ残っているプロピレン C_3H_6 によって追い出されてしまい,$Al-C_5H_{11} + C_3H_6 \rightarrow Al-C_3H_7 + C_5H_{10}$ という反応がおこることも考えなければならないでしょう」
「あ,そうですね」
「まだ,あります。プロピレンが TEA と結びつかず,TEA のエチル基を追い出して $Al-C_2H_5 + C_3H_6 \rightarrow Al-C_3H_7 + C_2H_4$ と,エチレン C_2H_4 ができる可能性もあります。

　すると,そのエチレンと TEA が反応し $Al-C_2H_5 + C_2H_4 \rightarrow Al-C_4H_9$ でトリブチルアルミニウムができる。

　それとプロピレンが反応し $Al-C_4H_9 + C_3H_6 \rightarrow Al-C_3H_7 + C_4H_8$ という反応もおこり得るでしょう」
「わあ,そんなふうに考えると,まだまだありそうですね」
「そうですよ」

◆ 何がどれだけできている?

「では,そんないろいろなものの中から,目的とするトリペンチルアルミニウムだけをどうやって取り出すのですか?」
「取り出す前に,まず,どんなものがどのくらいできているか調べなくてはなりませんよ。そして,なるべく主反応を多くし,副反応を抑えるにはどんな条件がよいのかを知らなくてはなりません。そういう条件をみつけるために,原料の濃度や温度,

圧力などを少しずつ変えて，何百回も実験を繰り返します」

「何百回も！」

「何百回という数字だけで驚いてはいけません。その1回1回について，反応後の容器内の成分の分析をやるのですから，それはたいへんな作業です。

まず，反応後の容器内には二つの相がありますね。上の気体の部分と下の液体の部分。上の気体（ほぼ反応しなかったプロピレン）の部分をA留分としします。それから，下の液体にはトリ何とかアルミニウムと呼べる，アルミニウムにアルキル基が結びついた化合物が混じっていますね」

「はい」

「アルミニウムに結びついたままでは分析しにくいので，分析に先だってこれに水を加え，アルミニウム Al とアルキル基 –R を分けてしまいます。

すると $AlR_3 + 3H_2O \rightarrow Al(OH)_3 + 3RH$ で，水酸化アルミニウムと炭化水素になります。もっともこの炭化水素は1種類ではなく，何種類も混じっているのですが」

「その炭化水素を分析すれば，元の形がわかるんですね？」

◆ 炭化水素を分析する

「そうそう，なかなか鋭いですよ。

さあいいですか。反応容器からピペットで一定量の液体を採り出します。その際，空気に触れさせない工夫が必要なのですが，それをいちいちお話しするのはわずらわしいのでやめます。

採った試料を加水分解装置（次ページⅩ〜3図）のフラスコ①に移し，氷で冷やしておきます。そこへ分液ロート（同図②）から少しずつ水を加えて加水分解反応させます。これは激しい反応なので，水はゆっくり加えます。

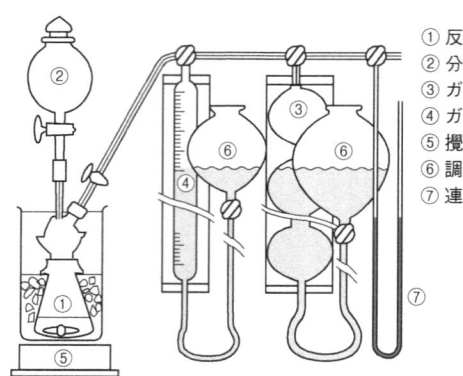

① 反応フラスコ
② 分液ロート(水, HCl用)
③ ガス溜(定量)
④ ガス溜(目盛付)
⑤ 攪拌装置
⑥ 調圧装置
⑦ 連通管(水銀)

X～3図　加水分解装置

　発生した気体はガス溜(同図③④)に集めます。
　加水分解が終わると，フラスコ①の底に水酸化アルミニウム$Al(OH)_3$が沈殿しています。この沈殿には，まだガスが含まれている可能性があるので，分液ロート②から，こんどは希塩酸HClを加えて沈殿を溶かしてしまいます。すると反応フラスコ①の中は，水の層(反応生成物の溶液など)と，その上にトルエンの層ができます。トルエンにも気体が溶けています。
　ガス溜の内部を大気圧に保つため，調圧装置⑥に水，連通管⑦に水銀を入れています。
　こうしてガス溜③④に集まったガスをB留分，フラスコ①のトルエンに溶けている分をC留分とします。このA，B，C留分をそれぞれ分析するのです」

◆ ガスクロマトグラフィー
「どのように分析するんですか?」

X　イソプレン合成の研究

「A，B留分は気体ですね。C留分も熱してやれば気体になります。だから，すべて気体の分析，つまりガス分析ということになります。いろいろな炭化水素を含んだガスを分析するのにいちばん便利な方法は，ガスクロマトグラフィーです」

「ペーパークロマトグラフィーというのは習いました。金属イオンの分離だったと思います。あれと同じですか？」

「原理としては同じです」

「原理というけど，私，どうして成分が分離できるのかわからなかったわ」

「これは一種の競走だと思ってください。

　金属イオンの分離で考えてみましょう。Fe^{2+}とCo^{2+}とNi^{2+}のイオンが混じった試料があるとします。これをブタノールと塩酸を混合した展開剤（試料を流れやすくさせるための液）と混ぜて，濾紙を浸み登らせます。

　いわば，濾紙の目を速く登る競走です。濾紙の目をもっとも速く登るのがFe^{2+}，次がCo^{2+}，いちばん遅いのがNi^{2+}です。だから一定時間たつと，登った高さによって三つの金属イオンが分離されるわけです。

　ガスクロマトグラフィーも同じです。

　気体の場合は，展開剤はキャリア・ガスと呼ばれます。水素やヘリウム，窒素ガスなどを用います。

　試料のガスをキャリア・ガスに混ぜて，充填剤を詰めたガラス管（カラム）に通します。充填剤とガスの成分の分子間力や，分子量の違いで，カラムを通り抜ける速さに差ができる。そこで，適当な長さのカラムに通せば，成分ガスが分かれて順番に出てくるのです。

　ちょうどマラソンレースで，スタートラインでは何十人という選手が一団となって走り出しますが，ゴールにはバラバラに

クロマトグラフィーはマラソンレース

到着するようなものと考えたらいいでしょう」
「充填剤には何を使うのですか?」
「目的とするガスによって違いますが,私たちは DMF(ジメチルホルムアミド)$(CH_3)_2NCHO$ を使いました。この物質は多くの無機・有機化合物を溶解できます」

◆ ガスの識別方法

「順番に出てくるガスは,どれも無色でしょう? 金属イオンの場合は,濾紙に発色剤を吹きかけ,その色具合で見分けましたが,ガスはどうやって見分けるのですか?」
「たしかに,マラソン選手ならゼッケン番号でわかりますが,ガスの場合は TCD(Thermal Conductivity Detector:熱伝導度型検出器)を使って識別します。

これは小さな電球みたいなものと思ってください。フィラメ

ントに電流を通して熱しておき，そこにガスを導きます。ガスは種類によって熱伝導度が違うので，ガスに応じてフィラメントの温度が下がります。フィラメントは，温度が下がると電気抵抗が減少するので，通る電流が増えます。この電流の微妙な変化を増幅し，グラフに描くようになっているのです。このグラフをクロマトグラムといいます」

「それでガスの種類までわかるのですか？」

「じつは，前もって成分のわかったガスを同じカラムを通し，何分後（保持時間）には何のガスが出てくるかを調べておくのです。それに基づいて，試料から何分後に出てきたガスが何かわかります」

「そんなにうまい具合にわかるんですか？」

「ええ，方法を確立しておくと，きわめて正確に分析できます。グラフの山の面積（応答量）から，その量までわかります」

「では，ガスクロマトグラ

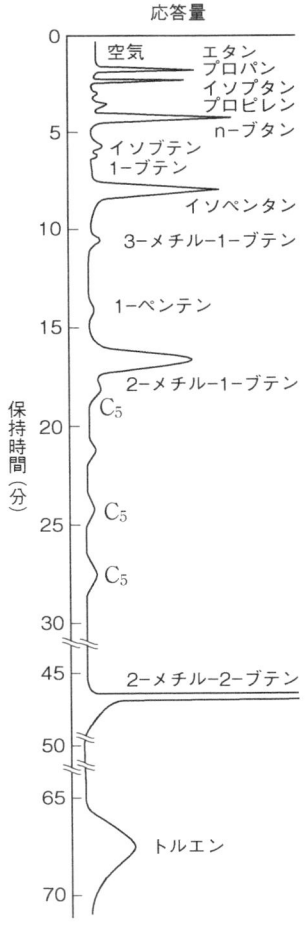

X～4図　ガスクロマトグラムの一例

フィーを使えば，簡単に分析できるんですね」

「いやいや，そう"簡単"ではありません。まずクロマトグラフにかける前にかなり面倒な操作が必要です。そして，クロマトグラフィーの結果はグラフ（前ページX〜4図）として出力されますが，その山（ピーク）の面積を正確に測らなければなりません。何十もあるピークを虫メガネを使って調べるのですが，1枚のグラフを読むのに1時間では終わりません。目が痛くなります。

もっともこれは大昔の話です。私たちのこの研究が終わったころには，グラフのピークの面積を自動的に測れる機械が出現しました。それもだんだん便利になって，山と山が少し重なり合った場合も，ちゃんと別々に数値を打ち出してくれるのです。

さらに今では，すべてがコンピュータ処理できて，あんな苦労は伝説になってしまいましたね」

◆ 便利な装置の落とし穴

「ガスクロマトグラフィーはこのようにとても便利なものです。しかし便利な装置には落とし穴もあります。一つ失敗談をお話ししましょう。

たとえば，あらかじめ純粋なイソプレンで，カラムの長さとキャリア・ガスの流速を一定にすると，10分20秒後にグラフにピークが出ることを確かめておきます。もしも本番で10分20秒後にピークが出れば，これがイソプレンだと判断して，そのグラフからイソプレンの量を計算するわけですね。

でも，いいですか？　機械は"これがイソプレンです"と教えてくれるわけではありません。"10分20秒にグラフがピークを示すガスがある"と教えてくれるだけです。

ある時，グラフから，1-ペンテンがかなりたくさんある結果

X　イソプレン合成の研究

が出ました。その時の実験に近い条件の前の実験では、1-ペンテンは微量出ているけれども、そんなに多くはなかったのです。どうして、ほんのちょっとの条件の違いで、急に1-ペンテンが多くできるのか？　と不思議に思いました。

　初めは機械に問題があるとは思わず、実験のほうに何かあると考えて再実験を繰り返しましたが、原因がありません。そこでようやく機械に何かあるのか？　と思って調べてみて原因がつかめたのです。

　ガスクロマトグラフへ液体試料を注入するため、マイクロシリンジという一種の注射器を使います。それは10μL（μL = 1/1000mL）という容量の小さいものです。これは細工がたいへんでなかなか高価なものです。だから使い捨てにせず、よく洗って何回も使用していました。

　洗うのに、まずベンジン、ついでアルコール、そして最後にエーテルで洗います。エーテルで最後に洗うのは、エーテルは非常に気体になりやすい液体なので、室内に置くだけで蒸発してしまって、ふつうはマイクロシリンジの中には残らないからです。だから、前の試料をベンジンやアルコールで洗い、最後に乾燥させるためにエーテルを使うのです。ふつうの器具はそれで問題ありません。

　ところが、マイクロシリンジにはごく細い管があります。エーテルがそういう細部にほんのわずか残って、なかなか蒸発しなかったのですね。そのエーテルが1-ペンテンと同じところにピークを描いたのでした。

　というわけで、便利な機械器具でも、その使用には細心の注意を払わなければならないということがわかるでしょう」
「そうですね、機械は決められたことは正しく教えてくれるけど、その前後のことは人間の責任なんですね」

X-5 第1反応の実験結果

◆ 実験評価の眼目

「それで,その第1反応の実験の結果は,うまく行ったんですか?」

「うーん。あなた方は,うまく行ったか行かなかったか,黒か白かはっきり決めたいでしょうね。しかし,このような実験では,うまく行ったとか行かなかったとかいう評価をしてはダメなのです。どのような条件のときに目的とする反応が多くて,副反応を少なく抑えることができるのかという"条件探し"の実験なのですからね。

くわしく話しても,かえってわかりにくくなると思うので,今は話しませんが,結論として第1反応は,温度は160℃付近がよい。これよりも温度が高いと反応速度は大きくなるが,副反応も増加します。TEAがプロピレンに比べて(mol比)少ないほうが効率はよい。ただし,その場合は収量には限度があります。TEAの濃度は大きいほど反応率が上がる。しかし取り扱い上危険が増します。そこで50~60%以上にはしないほうがよい,といったことがわかりました」

◆ 研究の苦労と喜び

「こうして話せば1分そこそこですが,これだけのことが言えるために数年間の実験期間があったのですから,研究というものは,海の中に岩石を投げ込むように,なかなか成果の見えないものなのですよ。

どう,一君,こんな仕事でもやりたいと思いますか?」

「うーん,そう言われると困ります。僕はまだ,本当のことが

X　イソプレン合成の研究

わかりません」

「そうですね。若い人には長い苦労がわからないのと同時に，一つの結果を得たときの喜びや感激も知らない……」

「だから，その100分の1でも感じてみたいと，こうして来たのよね，一君」

「うん，うん」

「そうでしたね。少しでもそれを感じていただければ，長々とお話ししてきた甲斐があります。

それはとにかく，第1反応がすんだ後の各留分の分析例を見てみましょう（X～1表）。

成　　分	B留分	C留分
エチレン	−	−
エタン	17.591	15.855
プロピレン	−	−
プロパン	4.50	18.270
イソブタン	−	0.165
1-ブテン（イソブテンを含む）	−	−
n-ブタン	0.451	10.122
トランス-2-ブテン	−	0.12
シス-2-ブテン	−	−
3-メチル-1-ブテン	−	−
イソペンタン	−	15.31
1-ペンテン	−	−
2-メチル-1-ブテン	−	0.03
n-ペンタン	−	13.214
2-メチル-2-ブテン	−	0.51
トランス-2-ペンテン	−	−
シス-2-ペンテン	−	−
C_6・合計	−	−
トルエン	−	4282.019

X-1表　第1反応生成物の加水分解生成物の分析例

ガスクロマトグラフィーで得られたグラフ（231ページX～4図）の各ピークの面積から，各物質の質量あるいは物質量の比を求めます。質量と物質量は互いに換算できるので，どちらでもいいのですが，生成の割合を議論する場合は，物質量の比を考えたほうがよいでしょう。X～1表の数値もこの比を示しています。

A留分は反応容器内の気体で，ほとんどが原料のプロピレンなので表にはありません。また「－」と記されている成分は，ピークの面積がきわめて小さい，すなわち量が少ない。また，狙っている物質とは直接関係しないので省略してあります」

「かなりいろいろあるのですね」

「これから目的のトリペンチルアルミニウムを分離するんですか？」

「いや，分離するのはとてもむずかしいのです。そこで，混ざったまま第2反応に入ります」

X-6 第2反応と新しい触媒の発見

◆ そのまま第2反応へ

「第2反応は，どんな反応だったか覚えていますか？」

「第1反応でできたトリペンチルアルミニウムにエチレンを作用させて，ペンテンを追い出す反応でした（217ページ）」

「そうですね。しかし，第1反応が終わった反応容器の中にあるのは，トリペンチルアルミニウムだけではなく，何種類もの化合物が混ざっていましたね（前ページX～1表）」

「あれ？　でも第1反応生成物に，目的のトリペンチルアルミニウムはありませんよ」

X　イソプレン合成の研究

「大丈夫。第1反応でトリペンチルアルミニウムができたとすると、それは加水分解されてn－ペンタンになると考えられます。そこでガスクロマトグラフの分析でn－ペンタンが出れば、トリペンチルアルミニウムができていると判断できます」
「ああ、そうだったんですか」
「ただし、副反応によってできるものは除いて、主な目的物の仲間だけでも、3種類が考えられます」

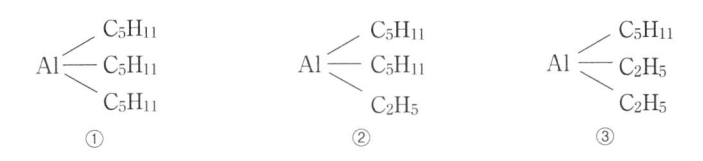

$$\text{Al} \begin{cases} C_5H_{11} \\ C_5H_{11} \\ C_5H_{11} \end{cases} \qquad \text{Al} \begin{cases} C_5H_{11} \\ C_5H_{11} \\ C_2H_5 \end{cases} \qquad \text{Al} \begin{cases} C_5H_{11} \\ C_2H_5 \\ C_2H_5 \end{cases}$$

　　　①　　　　　　　　　②　　　　　　　　　③

「あ、TEA のエチル基が、一度に全部が置き換わるわけではないんですね」
「ええ、TEA とプロピレンの mol 比が1：3だと、①が多くできます。TEA に比べてプロピレンが1：3より少ないと②や③が増えるという結果は出ています。

　ところで、前にお話ししたように、これらの成分を分離することはたいへんにむずかしく、とても工業的にやれることではありません。

　そこで私たちも、第1反応でできたものを混合状態のまま、それにエチレンを加えて反応させ、反応後のものを分析して、第2反応の進み具合を考えることにしました。そのため第2反応も、第1反応と同じ容器で実験しました」

◆ 触媒の問題点
「ところで、第1反応の生成物にエチレンを吹きこんで温度を

上げただけでは、第2反応はおこりません。触媒が必要です。

チーグラーは、"コロイドニッケル"を触媒にしたと書いています。コロイド粒子の大きさは、前（25ページ）にお話ししたように、直径が10^{-9}〜10^{-7}mくらいです。つまりコロイドニッケルとは、ニッケル原子が十数〜数十個かたまった、小さな粒状のニッケルですね。実際には、TEAの液に塩化ニッケル$NiCl_2$の粉末を加えると、液はすぐ黒くなります。チーグラーはこれをコロイドニッケルと呼んだのです。

コロイドニッケルを加えると、特効薬のようにサッと第2反応が進行します。だから第2反応は、その条件をさぐるまでもありません。問題は別にあるのです。

実験室の実験では、一回一回、新しいTEAを使ってやるので問題はありません。しかし工業的に生産するとなると、コストや効率の面から、TEAを繰り返して第1反応に使います。

第2反応が終わった後、できた2-メチル-1-ブテンを蒸留して採り出した後にTEAが残ります。その中にはコロイドニッケルが混じっていますが、コロイド状なので濾し分けることはできません。だから回収したTEAを繰り返して使うと、このコロイドニッケルが第1反応の妨げになるかもしれません。

これが第1の問題でしたが、実際には差しつかえありませんでした」

◆ 新しい触媒の発見

「しかし別の問題が残ります。コロイドニッケルは第1反応の妨げにはなりませんでしたが、再び第2反応に回ってきても、コロイドニッケルとしての触媒能力をまったく失っているのです。そこで再び塩化ニッケルを加えて、新しいコロイドニッケルを作らなくてはなりません。

X　イソプレン合成の研究

　だから繰り返し使ううちに，TEA に含まれるニッケル量はどんどん増えていき，やがてその TEA を捨てなくてはならなくなるわけです。それでは工業的には不向きです。

　そこで私たちは，コロイドニッケル以外の第2反応の触媒を探しました。もしもコロイド状でないニッケル触媒で効果があるなら，こうして問題は解決しますね。

　私たちは実験を重ね，酸化ニッケルが触媒として役立つことを発見しました。それなら，ニッケル製の金網の表面を適当な方法で酸化させればよいわけです。そして金網なら TEA の液と簡単に分離できます。

　酸化ニッケルが触媒として有効であることは私たちの発見ですから，これを特許にしました」
「よかったですね」
「研究には，ほかにもいろいろと紆余曲折があって，かなり長い期間かかったのですが，実験室での研究はいちおうの区切りになりました。私たちは並行して，半工業的規模（パイロットプラント）の研究にも取り組んでいました。このパイロットプラントの研究にも，いろいろと苦心談や笑い話がありますが，そのお話はまたの機会にしましょう」

X-7 いよいよイソプレンへ

◆ イソプレン合成の成功

「さて，いよいよイソプレンのできる段階ですが，じつはこの反応については，最初からあまり心配していませんでした。

　というのは，すでに工業的にブタジエンゴムという合成ゴムがたくさん作られていました。ブタジエンゴムは，イソプレン

のメチル基を H 原子で置換した 1,3-ブタジエン $CH_2=CH-CH=CH_2$ とスチレン $C_6H_5-CH=CH_2$ から作られ,自動車用タイヤでもっとも使われている合成ゴムです。

その原料のブタジエンを作るのに,2-ブテンの脱水素反応が工業的に行われていたからです。

$$-\overset{|}{C}-\overset{|}{C}=\overset{|}{C}-\overset{|}{C}- \quad \xrightarrow{-H_2} \quad -\overset{|}{C}=\overset{|}{C}-\overset{|}{C}=\overset{|}{C}-$$

2-ブテン　　　　　　　　　　　ブタジエン

この反応と,私たちが目指した 2-メチル-1-ブテンからイソプレンを作る反応は,メチル基の枝があるかないかの違いだけでしょう。

2-メチル-1-ブテン　　　　　　　イソプレン

とはいっても,ブテンの脱水素と 2-メチル-1-ブテンの脱水素が,同じ触媒で同じように行くかどうかは,わかっていませんでした。

当時,アメリカで 2-ブテンの脱水素反応の触媒として 3 種類のものが発表されていました。酸化マグネシウム MgO や酸化鉄(Ⅲ) Fe_2O_3 を主体としたものです。そこで私たちはそれらと同じ物を作って,2-メチル-1-ブテンの脱水素に役立つかどうかを試してみました。

その結果,2-ブテンの脱水素の触媒は 2-メチル-1-ブテンの脱水素にも有効に働くことがわかりました。原料の 2-メチル-1-ブテンの 90%がイソプレンになったのです。非常によ

い成績といえるでしょう」
「すると，おじさまたちが長時間かけて研究された，共二量化反応（215ページ）が，イソプレン合成のカギだったんですね」
「まあ，そういうことです」

◆ 合成ゴムの完成

「おじさまたちの研究が実を結んだわけですね。よかったですね！」
「研究自体は成功したといってもいいでしょう。

ただし前（212ページ）にお話ししたように，その後，エチレン・プラントの副産物と輸入されるイソプレンで，合成ゴムの原料は十分賄えるようになりました。そのため，私たちはじめ世界中のイソプレン合成の研究は，ほとんどがパイロットプラント段階で終わっているのです。

それはともかく，イソプレンからの合成ゴムは，1950年代から，あちこちの会社で作られるようになりました。リチウム触媒を使ったものと，チーグラー触媒を使ったものとがあります。チーグラー触媒で作った合成ゴムでは，イソプレンの98％がシス形になっています。リチウム触媒ではそれが93％です。そのため現在では，チーグラー触媒で工業化されています。

ちなみに天然ゴムでは，ほとんど100％シス形です。そのたった2％の差で，天然ゴムは機械的強度や耐摩耗性で，合成ゴムに優っているのです。

チーグラー触媒の働きについては，まだ十分にはわかっていません。とにかく，イソプレンをシス形に長くつないでいく特性があるのです。一君が第一線の化学者になるころには，その秘密も完全に解明されているかもしれません」

XI おわりの章——
有機化学が好きになれそう！

「いやあ，僕，今日お話を聞いて，化学の勉強ってこうなんだなという，大きな見通しのようなものが持てました。でもその反面，とても僕なんかには……という劣等感もわいてきて，正直複雑な心境なんです」

「弱音を吐くことはありません。私が中学生のころ，漢文の先生が"40歳を超えた大人は恐れなくてよい。もうその人の将来は見通しがつくから。しかし青二才は恐れよ。将来どんな人間になるかわからないからだ"と言われました。私はこれを聞き，何だか希望がわいてきてうれしかった。

20世紀最大の科学者といわれるアインシュタインや，発明王エジソンは，10代のころは少しも目立たない少年だったそうです。あなた方のこれからの20年，30年という時間も，何

17歳のアインシュタイン　　　**10代半ばのエジソン**

を生み出すかわかりませんよ」
「先生は,おだてるのが上手ですね。でもそう言われると,何だか元気が出てきました」
「おじさまという触媒によって,一君の心の中に,一つの反応の方向が決められたというところですね。私も勉強になりました。おじさま,今日はほんとうにありがとう!」
「少しでもあなた方の参考になれば,私もうれしいですよ」
「ありがとうございました」
　そして一君と理恵さんは,夕暮れの気配ただよう空にそびえる時計塔を仰ぎ見ながら,研究所の門を出ていきました。

さくいん

<人名>

アインシュタイン 243
ウィッカム 23
エジソン 243
ケクレ 105
チーグラー 216
ノーベル 209,210
ハーバー 210
ハリース 169
プリーストリー 23
ボーア 55
ボッシュ 210
ラボアジェ 79

<欧文>

BHC 111
DMF 230
DNA 208
(d／p／s)軌道 57
IR 法 173
IUPAC 命名法 115,132
($i-$／$n-$)ブタン 66
(K／L／M)殻 55,57
MS 174
($m-$／$o-$／$p-$)位 109

NMR 法 174
－OH 155
R－ 131,132
TCD 230
TEA 217,218
TNT 113
X 線回折 186
(π／a)結合 82,85,107

<あ行>

アイユーパック命名法 115
アスピリン 99,144,147,153
アセチル基 144
アセチルサリチル酸 99,144,147,153
アセチル補酵素 A 205
アセチレン 91,92,95,100
アセチレン系 117
アセチレンブラック 101
アセテートレーヨン 99
アセトアルデヒド 128
アセトン 96,140
アゾ化合物 160
アゾ基 160
アニリン 159
アニリン塩酸塩 160
アニリンブラック 160

さくいん

アボガドロの法則　37
甘酒　125
アミノ酸　191
アミラーゼ　41,44,45,126
アルカン　70,88,116,182
アルキド樹脂　144
アルキル基　117,131
アルキン　90,117
アルキン系　102,163
アルケン　87,88,117
アルコール　132,165
アルデヒド　135,140
アルデヒド基　139
暗線　172
安息香酸　144
アンモニア性硝酸銀水溶液
　139
イオン結合　57
異性体　66
イソブタン　66
イソプレン
　48,49,163,183,203,211
イソペンテン　214
1価アルコール　133
一般式　70,88,131
遺伝子　208
雲母　179

エイコサン　68
エーテル　146,165
エステル　147,149
エタノール
　128,135,136,137,165
エタン　66,128
エチルアルコール　137
エチレン　84,212,213,219
エチレン・プラント　212
エチレングリコール　134
エチレン系　117
塩化チタン　217
塩化ベンゼンアゾニウム
　159
塩基　128
炎色反応　172
応答量　231
オートクレーブ　221
オービタル　81
オキシカルボン酸　143
オキソニウムイオン　45,198
オルト位　109

<か行>

カーバイド　91,92
化学吸着　200
殻　55

核磁気共鳴スペクトル分析法　174
過酸化ベンゾイル　181
加水分解　42,44
ガスクロマトグラフィー　229
ガタパーチャ　184
活性化エネルギー　199
価電子　55
カメの甲　108
カラム　229
加硫　26,30,189
カルボキシ基　142,153
カルボニル基　140
カルボン酸　142
乾性油　151
慣用名　115,132
乾留　30,48
幾何異性体　86
ギ酸　130,142
気体の状態方程式　37
軌道　56
キャリア・ガス　229
吸収線　172
凝固点降下法　37
共二量化（反応／法）　215,241

共鳴構造　103,107
共役二重結合　103,168
共有結合　57,58
ギリシャ数詞　116
銀アセチリド　96,166
銀鏡反応　139
金属結合　57
葛湯　41
グッタペルカ　184,206
クラッキング　48
グラファイト　78
グリセリン　134
グルコース　41,42,44,126
クロマトグラム　231
軽水　196
ケトン　135,140
ケトン基　140
ゲラニオール　149
ケン化　149
ケン化価　150
原子（核）　54
原子（数／量）　35
原子番号　54
元素分析　32
高級アルコール　133,147
高級脂肪酸　142
コウジ　125

さくいん

合成ゴム　211,241
合成染料　159
酵素　201,202,205,207,208
構造式　65
高分子化合物　39,98,191
黒鉛　78,80
国際純正・応用化学連合　115
ゴム風船　189
コロイド　25,39
コロイドニッケル　238
混成軌道　81

<さ行>

再結晶法　27,28
酢酸　129,142
酢酸エチル　148
酢酸（菌／発酵）　127
鎖式飽和炭化水素　70
サリチル酸　144,152
サリチル酸メチル　144,153
サル酒　127
酸化ニッケル　239
三重結合　103,167
ジエチルエーテル　147
四塩化アセチレン　97
四塩化チタン　217
ジエン系　102,163

ジエン反応　169
シグマ結合　82,85
シクロ　88
シクロアルケン系　163
糸状菌　125
シス形　87,184,203
シス-トランス異性体　86
実験式　36
質量分析法　174
シトロネロール　149
ジブロモエタン　73,74,75
ジブロモエチレン　86
脂肪酸　142
ジメチルエーテル　147,165
ジメチルホルムアミド　230
臭化ビニル　86
重合　191
重合開始剤　181
重合反応　44
重水（素）　196
充填剤　229
縮合　42,148
縮合重合　44
主鎖　116
酒税　136
酒石酸　143
蒸留　211

249

蒸留法　27
触媒　193,194,199,208
人工香料　148
水酸化カリウム　150
水酸化ナトリウム　150
水酸化物イオン　128
スプリング　177
スペクトル分析　173
スルホ基　112
赤外線吸収スペクトル分析法　173
石鹸　150
接触分解　48
セロハン　28
側鎖　116
組成式　36

<た行>
第1級アルコール　135,140
第3級アルコール　135,141
対称エーテル　146
第2級アルコール　135,140
ダイヤモンド　78,80
脱水反応　84
炭化　30
炭化カルシウム　93
炭化水素　52,131

炭化水素基　131,132
単結合　103
弾性ゴム　26,189,190
タンパク質　191
単量体　46,191
チーグラー触媒　205,216,217,241
置換反応　74
チマーゼ　127
潮解性　152
ディールス・アルダー反応　169
低級アルコール　133
デオキシリボ核酸　208
デカン　68
テトラクロロエタン　97
展開剤　229
電解質　26
電気泳動　26,28
電子　54
天然ゴム　241
デンプン　41,44,126
銅アセチリド　96,166
透析法　28
同素体　78
トランス形　87,184,206

トリエチルアルミニウム 217
トリニトロトルエン 113
トリペンチルアルミニウム 224,236
トリメチルアルミニウム 226

<な行>

ナトリウムアルコキシド 146
ナトリウムフェノキシド 158
ナフサ 211
ナフタリン 110
ナフタレン 110
生ゴム 26
2価アルコール 133
二重結合 72,103,167
ニッケル触媒 195,201
ニトロ基 112
ニトロベンゼン 113,159
尿素樹脂 138
熱 47
熱化学方程式 129
熱伝導度型検出器 230
熱分解 47,48

ノルマルブタン 66

<は行>

ハーバー・ボッシュ法 194,209
バイオ・エネルギー 135
パイ結合 82,85,107
ハイポリマー 191
パイロットプラント 239
麦芽糖 41,126
ハクキンカイロ 194
爆発限界 94
白金 194
発熱反応 130
バネ 177
パラ位 109
パラゴム 23
パラジクロロベンゼン 110
パラフィン 182
パラフィン系炭化水素 70
ハロゲン 146
ハロゲン化アルキル 146
半透膜 28
非対称エーテル 146
非電解質 30
ヒドロキシ基 128,153
ヒドロキシ酸 143

ビニールシート 99
ビニル基 132
ビニル樹脂 98
ビニロン 99
フェニル基 132
フェノール 154,156,157
フェノール樹脂 138
付加重合 47
付加反応 75
副反応 100
ブタジエン 102
ブタジエンゴム 239
フタル酸 144
ブタン 66
沸点上昇法 37
物理吸着 200
ブドウ糖 41,126
不飽和 72
不飽和化合物 75
不飽和脂肪酸 143
フラウンホーファー線 172
プラチナ 194,196
プロパノール 140
プロパン 66
プロピオン酸 142
プロピレン 213,219
ブロモエチレン 86

分子式 36
分子量 37
分留 211
ペーパークロマトグラフィー 229
ヘキサクロロシクロヘキサン 111
ベルカゴム 185,206
ベンジン 104
変性アルコール 136
ベンゼン 104
ベンゼン環 108,156
ベンゼン系炭化水素 108
ベンゼンヘキサクロリド 111
ペンタン 68
芳香族カルボン酸 144
芳香族炭化水素 108
飽和 72
飽和脂肪酸 143
保持時間 231
補色 171
ポリイソプレン 177
ポリエチレン 46,182
ポリスチレン 182
ポリスチロール 182
ポリマー 39

ホルマリン　138
ホルムアルデヒド
　135,137,138

<ま行>

マイクロシリンジ　233
マルターゼ　41,126
マルトース　41,43,44,45,126
水俣病　100
無機化合物　29
無触媒　201
メタ位　109
メタノール　135,137
メタン　61,65
メタン系　117
メタン系炭化水素　70
メチルアルコール　137
メチルオレンジ　161
メチルプロパン　66
メチレン基　131
メラミン樹脂　138
木酢液　141
モノマー　46,191
モリブデン青　168

<や行>

有機化合物　29

有機触媒　201
有機水銀化合物　99
ユージオメーター　50
遊離基　181
油脂　149
湯煎　126
陽子　54
ヨウ素価　151
ヨードホルム反応　136
余色　171

<ら・わ行>

ラウールの法則　37,39
ラウエの斑点　186
ラジカル　181
ラテックス　25
ラバー　23
リグニン　180
リチウム触媒　241
両性元素　156
リンゴ酸　143
レーヨン　180
輪ゴム　27

N.D.C.437　　253p　　18cm

ブルーバックス　B-1729

有機化学が好きになる〈新装版〉
"カメの甲"なんてこわくない！

2011年6月20日　第1刷発行
2024年12月13日　第4刷発行

著者	米山正信
	安藤　宏
発行者	篠木和久
発行所	株式会社講談社
	〒112-8001　東京都文京区音羽2-12-21
電話	出版　03-5395-3524
	販売　03-5395-5817
	業務　03-5395-3615
印刷所	(本文表紙印刷) 株式会社KPSプロダクツ
	(カバー印刷) 信毎書籍印刷株式会社
本文データ制作	株式会社さくら工芸社
製本所	株式会社KPSプロダクツ

定価はカバーに表示してあります。
©米山正信・安藤　宏　2011, Printed in Japan
落丁本・乱丁本は購入書店名を明記のうえ、小社業務宛にお送りください。送料小社負担にてお取替えします。なお、この本についてのお問い合わせは、ブルーバックス宛にお願いいたします。
本書のコピー、スキャン、デジタル化等の無断複製は著作権法上での例外を除き禁じられています。本書を代行業者等の第三者に依頼してスキャンやデジタル化することはたとえ個人や家庭内の利用でも著作権法違反です。
R〈日本複製権センター委託出版物〉複写を希望される場合は、日本複製権センター（電話03-6809-1281）にご連絡ください。

ISBN978-4-06-257729-8

発刊のことば

科学をあなたのポケットに

　二十世紀最大の特色は、それが科学時代であるということです。科学は日に日に進歩を続け、止まるところを知りません。ひと昔前の夢物語もどんどん現実化しており、今やわれわれの生活のすべてが、科学によってゆり動かされているといっても過言ではないでしょう。

　そのような背景を考えれば、学者や学生はもちろん、産業人も、セールスマンも、ジャーナリストも、家庭の主婦も、みんなが科学を知らなければ、時代の流れに逆らうことになるでしょう。ブルーバックス発刊の意義と必然性はそこにあります。このシリーズは、読む人に科学的に物を考える習慣と、科学的に物を見る目を養っていただくことを最大の目標にしています。そのためには、単に原理や法則の解説に終始するのではなくて、政治や経済など、社会科学や人文科学にも関連させて、広い視野から問題を追究していきます。科学はむずかしいという先入観を改める表現と構成、それも類書にないブルーバックスの特色であると信じます。

一九六三年九月

野間省一